ドングリの戦略

森の生き物たちをあやつる樹木

森廣信子［著］

八坂書房

はじめに

子供の頃にドングリを拾って遊んだ思い出は、誰にでもあるだろう。丸っこい形、手のひらにのせたときのつるっとした感触と重さの感覚も、ドングリを拾わなくなった今でも思い出せるのではないだろうか。

それほど身近にドングリはあり、誰でも拾うことができた。けれども、改めてドングリとは何だろうか、と問われると、すぐには答えられないかもしれない。ドングリにはいくつかの種類があって、それぞれ似てはいるが微妙に違う。ドングリとドングリではないものとの区別も、いろいろ木の実を比べてみて、こうだと言える違いが見つかるだろうか。

ドングリは木の実だ。ただ、その形と大きさに特徴があるので、人は、ほかの木の実からは区別したいと思い、「ドングリ」という言葉を作った。

古くから、人はドングリを食べ、ドングリを作る木の幹を薪としても使ってきた。たくさんの種類の木がある中で、ドングリは特に人にとって役に立つ木だったから、人は身近に多くの木を植えて森を作ってきた。このようなドングリと人との歴史があったから、ドングリが身近な雑木林にたくさんあり、ドングリで遊んだ人も多かった。

かつては人の食糧にもなっていたドングリだが、今の人はほとんど食べない。しかし相変わらず、多くの野生動物にとっては優秀な食物であり続けている。そういう意味では、今でもドングリは動物の生活を支えているし、自然界の中でドングリが果たす役割は、人が思っている以上に大きい。

では、ドングリ自身は自分の置かれた立場をどう思っているのだろうか？

動物に食べられてうれしいわけはないはずだし、ほかの動物の生活を支えることに喜びを感じるはずもない。なのになぜ、ドングリは動物にとってこんなに食べ易い実であり続けているのだろうか。ドングリから見たとき、多くの動物に好んで食べられるということは、ドングリが生きる上ではどのような「良いこと」があるのだろうか。

植物図鑑には、日本のドングリに何種類あって、それぞれどんな特徴があるか書かれている。ドングリだけを扱った図鑑もある。でも、なぜドングリがこんな形をしているのかは、どこにも書かれていない。ドングリにとって、この形にどんな意味があるのかについても誰も語ってくれない。

ドングリの「ふるまい」にもわからないことが多い。聞いたことのある人も多いと思うが、ドングリのなる数が、毎年大きく変動していて、ある年はものすごくたくさん落ちてくるかと思えば、ほとんど落ちてこない年もある。ドングリのこのようなふるまいに気づく人はいても、なぜドングリがなる量を変えているのかわからない。

こうした現象は「結実変動」と呼ばれ、今まで大勢の人の関心を引きつけてきた。結実量の記録をとって考えた研究者も多いし、結実量の変動を説明する仮説もたくさん生まれたが、実はいまだに「これだ！」という答えはないのだ。

私がこの問題にかかわったきっかけは、ツキノワグマの食べる餌の資源量（実際に食べる量ではなく）を知りたいという、当時私が働いていた東京都高尾自然科学博物館（二〇〇四年三月に廃止）の仲間に協力を求められたことからだった。そのため、ツキノワグマが棲む奥多摩の山で、奥多摩に多いミズナラを中心に調べはじめた。

もともと山が好きだったこともあり、はじめは調査で山に通う楽しみも想像し、調査そのものは数年間で何らかの答えが出ると思っていた。それが一七年たった今でもまだ通っている。たぶんこれからも調査に通い続けるだろう。

なぜこのようなことになったのか？

その理由は、ドングリが最初の思い込みに反して、私が予想しなかったふるまいをしたからだ。それに、ドングリの森で野生動物に出会うと、感動するだけでなく、彼らとドングリのかかわりを考えないわけにはいかない。森のなかで実際によく出会う、彼らの残した痕跡からは、ドングリを食べる野生動物の思いを想像することもできる。

こうして、ドングリとドングリの結実変動の問題は、考えていたよりずっと複雑になっていき、求めている答えはかえって遠のいてさえいくようだった。

　樹木の変化も、森に一〇年通う頃から、ようやく目に見えるようになる。ドングリの森に通い、自分の目で森を見て考えたことから浮かび上がってきたのは、ドングリの森では、たくさんの種類の動物がドングリにかかわり、そこでドングリが生き残るためには、この動物たちとの複雑な関係を、ドングリがあやつっていかなければならないだろうということだった。

　考えるべきことが、どんどん増えていった。ドングリをめぐる生き物同士の関係は、知れば知るほど複雑な迷路のようで、ドングリはこの迷路の中で自分の生き残る道を作り出しているはずだ。ドングリの形の意味も、結実変動も、ドングリが生き残るためにあるはずだ。

　私はまだこの迷路を抜け出すことができていない。しかし、この迷路を彷徨うのは、なんともいえず楽しいことでもある。そこで、一人でも多くの人をこの迷路に引きずりこみ、悩んでもらうとしよう。もしもこの迷路を、一緒に楽しんでもらえれば、私はうれしい。

ドングリの戦略　目次

1章　人はなぜドングリを拾うのか

雑木林にて

私が育った武蔵野の台地には、一九六〇年代には畑の中に雑木林が点在していた。今ではすっかり宅地化されて面影もないが、雑木林は当時の子供が自由に入って遊ぶ場所にもなっていた。セミやクワガタを捕ったり、アオダイショウに出会ってびっくりしたり、不思議な形と色合いの小さな花が咲いていたりと、さまざまな生き物に出会うことは、私にとって大きな楽しみの一つだった。

時間さえあれば、私は一人でも雑木林に行った。雑木林にはコナラとクヌギが必ずあって、秋になるとドングリを落とす。大きくて丸いクヌギのドングリは、真ん中に竹ひごを短く切ったものを刺して独楽にした。

ほかにどんな木の実があったのか覚えていない。ドングリとは違って、食べられないのにすぐに腐る木の実や、小さくて目立たない木の実や種子には関心がなかったか、子供の目では見つけられなかったのかもしれない。

例えばイヌシデの実には翼があって、それだけ取り出せばおもしろい形をしているが、落ち葉にまぎれると目につかない（図1―1）。その点、ドングリは大きくて、落ち葉の中からでも見つけることができた。落ち葉と同じような色をしているようでも、艶があるから探すのは簡単だった。

雑木林とは、人がある程度手を入れている林のことで、昔から人はここから落ち葉を堆肥に、幹を薪に使っていた。丹念に手入れをして人が望む樹木を育てる人工林と違うところは、ある程

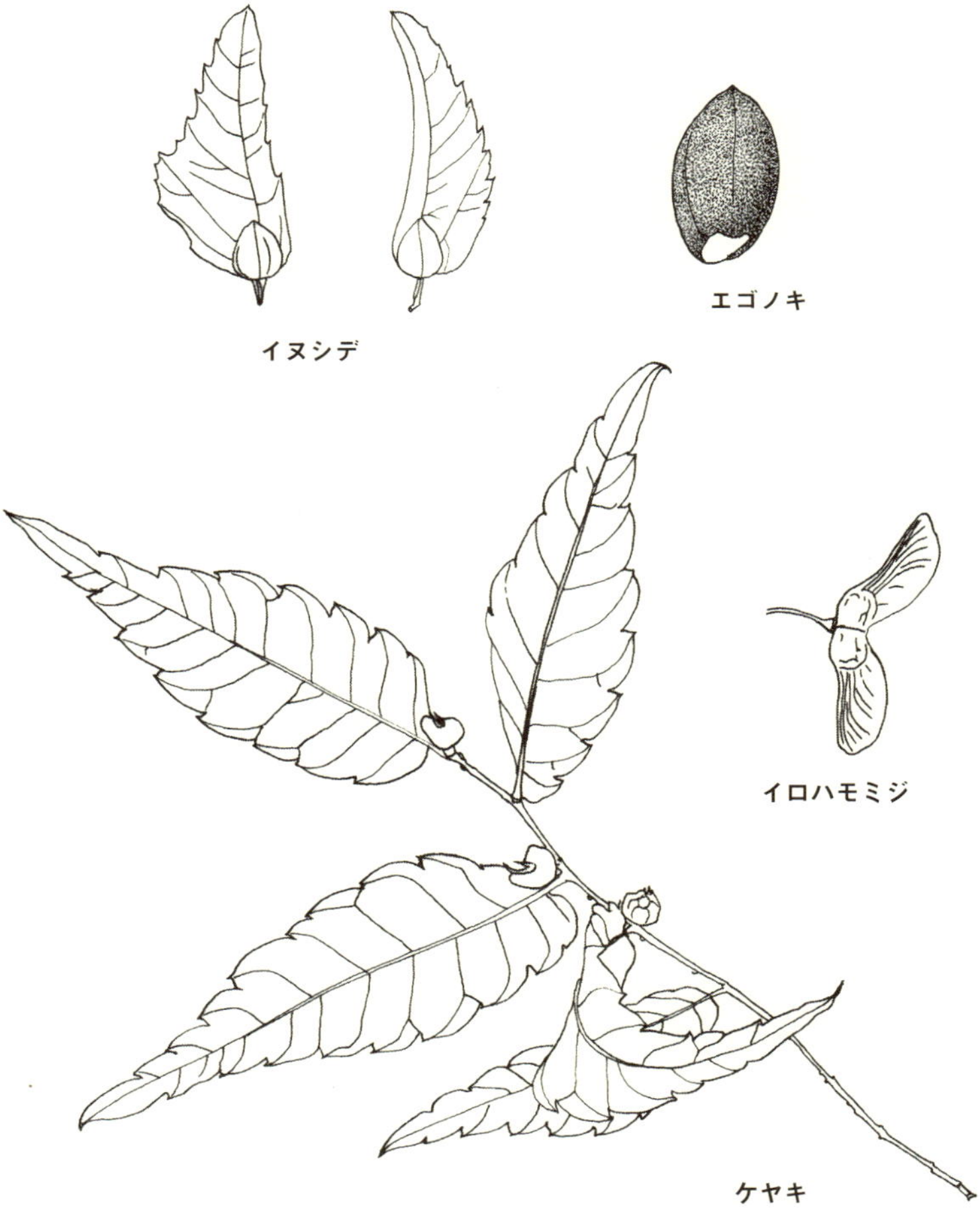

図1－1　雑木林で見られる果実。

度樹木が自然に育つに任せていたことだ。そのため、自然林を壊して二次的にできた林という意味で二次林、あるいは半自然林などとも言われる。

　私が小学生の頃は、まだ雑木林は人が使っていたので、低木やササが密生するようなことはなく、小さい子供でも林の中を自由に歩きまわることができた。木はたいてい切り株から萌芽再生させて育ったもので、太い幹が二〜三本、株になっていた。

　雑木林では、切りっぱなしで、わざわざ新たに人が木を植えることはなかったという考えが主流だ。けれどもいろいろな話を聞くと、植えて追加したこともあったらしい。また、育てる樹木をある程度選んでいたようだ。こうしてできた雑木林は、人にとって最も身近で、親しみやすい林だった。

　この雑木林の主役がドングリのなる木だったのは、偶然だろうか？

　コナラやクヌギは、薪としても火持ちがよく、使い易い。毎日使う燃料に適した樹木を選ぶのは当たり前だろう。では、ドングリそのものはどうだろうか？

　日本では、もう食べる人はいなくなったが、かろうじてドングリの食べ方が伝わっている。そのままでは渋いドングリの渋を抜いて料理するのだ。料理の仕方によっては決して不味いものではないので、農耕が始まる以前には、食べるために住居の近くにドングリのなる木を植えたこともあったかもしれない。

　ふつうドングリとは呼ばないが、ドングリの仲間のクリの木は、縄文時代には既に集落の近くに植えられて、実だけでなく、幹も使われていたらしい。また、マテバシイのドングリは渋がなく食べやすいので、人が古くから集落の近くに植えてきたために、もともとの分布がわからなくなっている。

こんなことを思うと、身近にドングリのなる木を増やしたのは、食べるためでもあったかもしれない。ともあれドングリは、食べなくなり、雑木林を使わなくなった今も、人にとって身近な木の実に違いない。人がドングリを拾うのは、かつて人の食物であった名残なのだろうか。

栄養としての魅力

動物にとって、ドングリには食物としてどんな魅力があるのだろうか?

植物は、もともと食べやすいものではない。動物は食物から栄養を得て、体を維持し、成長し、活動するが、植物はきちんと消化できて体に取り込める栄養は、かさばる割には少ない。成熟した葉っぱは、一見たくさんあって食べやすいように見えても、動物の栄養になるものは少ししか含まれていないので、ものすごくたくさん食べないと、動物は体を維持できないのだ。しかも、時には毒物を溜めていることもある。木材などは、食物としては最悪だ。

そんな植物の中で例外的に栄養に富んでいるものの一つが種子だ。種子の中には栄養が詰まっている。種子は発芽して新しい植物に育つための栄養を蓄えているので当然のことだ。ドングリは、この栄養豊富な種子を薄い皮で包んだ果実なので、食物としての魅力にあふれている。ミズナラやコナラのドングリが溜めているのはデンプンで、ドングリの重さの大部分を貯蔵デンプンが占めている。

しかし、ドングリが最も価値があるのは、大きいことだ。種子にいくら栄養が詰まっていても、種子が小さければ、いくつも食べなければならず、食べるのに時間ばかりかかって効率が悪い。一日食べても十分ではないとすれば、それは困る。一ヶ所で食べ物がなくなれば、探しに行かないといけないし、敵から逃げなければならないこともあるだろう。生きていくには休息も必要だ。まして繁殖には相当の時間を割かなくてはならない。食べてばかりではいられない。どれだけ速く食べられるか、これが食物の価値を大きく左右することを示したのは中川尚史さんだ。[※1]

ドングリは一個が大きいので、大きな動物でもすぐにおなかいっぱい食べられる。動物が大きいほど、一度にたくさん食べなければならないから、大きな果実には価値がある。サルにも、シカにも、クマにも、そして人間にとっても価値がある。

人、ドングリを食べる

ドングリが種子の中に蓄えているのはデンプンで、これは動物には価値のある栄養になるが、ドングリはふつう渋くて、そのままでは食べにくい。そこでアク抜きをして渋味を抜いて食べたという記録がある。北上山地では、一九三〇年代まで食べていたし[※2]、食生活にしっかり組み込まれていた[※3]。

主食として食べ続けるには、甘味がないほうがよく、保存しやすい木の実が選ばれていた。この基準では、ミズナラやコナラは上質なほうだ。ほかにトチノキもあったが、トチノキは渋味とは別の苦味があって、アク抜きに手間がかかり、甘味もあるので、やや難があったらしい。

食べ方も一通りではなかった。まず一度煮るか水に漬けて虫を殺して天日乾燥して保存し、食べるときに杵でついて皮を除いて砕き、大鍋で水を代えながら煮てアクを抜く。このとき最初に灰汁を入れる。この作業に一日かかり、やっと食材のシタミ粉となる。これをそのまま食べるか、団子にするか、麹を加えてどぶろくも作った。シタミモチという羊羹のようなものも作られた[※4]。

いくらたくさん集まるといっても、食べるまでの手間暇は相当なものだ。ひとえに苦味と渋味があるからで、悪い味の元はタンニンという、植物が作る防衛物質だ。たくさん食べるとおなかを壊すから、食べないほうがいいに決まっている。そういうものをドングリがたくさん作って溜めているのは、食べられないで済むようにという、生き残りをかけたドングリの作戦に違いない。このために、人にとっての価値は大分落ちるから、ほかに良い食物がたくさんあるなら、食べられなくなっていくのは必然だっただろう。

ドングリを食べていたのは北上山地だけでない。熊本では渋味の少ないイチイガシのドングリからデンプンを搾り、水に沈ませてアクのないデンプンをとって、イチゴンニャクと呼ばれる羊羹か餅のようなものを作る。九州各地には別のドングリで同じ作り方をするシイゴンニャク、カシノキドーフがあり、高知県の山間部にもカシドーフがある。[※5] 韓国にもドングリのデンプンを採みだして作るドングリムックがある。[※6]

どの地方にも、ドングリは何種類かある。ありふれた樹木がデンプンに富んだ大きな実をつけるなら、利用しない手はないだろう。温暖な地方には、渋が少ないか、ないドングリもあり、こういうものは利用価値が高かったに違いない。また、ドングリに限らず、食物の多くは採れる季節が決まっていて、いつでも手に入るわけではないから、保存できることも大事だっただろう。

ドングリを見たら思わず拾ってしまうのは、食物だったことの名残なのだろうか。

ドングリの謎

そうならば、なぜドングリは人を含む動物にとって、食物として価値の高い種子を作るのだろうか。

樹木の種子が、大きくなる樹木でも一〇ミリグラムにもならないものが多いのに、ドングリは、小さいように見えるコナラでも、一グラム以上はある。

ドングリが大きいことは、発芽して一人前に生活を始めるとき、栄養の元手が多いということだから、はじめから大きな体を作って生活を始めることができて、ドングリにとっていいことのように思える。が、これは同時に動物に対しては食物として魅力的だということになり、たくさんの動物を引きつけて、たくさん食べられてしまうことになってしまう。

ドングリにとって食べられることは、少しもいいことではないはずだ。しかも、こんな種子を作る樹木が、どこの地方にも何種類かあって、森の中では少なくない樹木なのだ。雑木林に多いのは、人が選んだせいだとしても、自然林でも珍しい樹木ではないのだ。むしろ森の中の多数派になっているところが多い。

食べられ放題の実でも、生き残って次の世代の樹木を作っている、それもたくさん作っている。渋いことに仕掛けがあるのだろうか？　では渋くないドングリはどうなのだろうか？　あるいは、ドングリの食物としての魅力以外に、何か仕掛けがあるのだろうか？

林床に落ちたミズナラのドングリ。成熟したドングリは、
殻斗からはずれて落ちてくる。

2章　ドングリとは何か

クリもドングリの仲間

「ドングリ」という言葉は、習慣的な呼び名で、きちんと「何がドングリか」定義されているわけではない。そこで、あらかじめ本書では何をドングリと呼ぶかを決めておこう。

ドングリは「団栗」と書き、クリのようだがクリではないという意味合いがある。しかし、クリとドングリには、たくさんの共通点があって、分けるより一緒にしたほうが、さまざまなことが整理し易い。そこで、本書ではクリもドングリに含める。

では、どんなものをドングリと呼べばいいのだろうか。

ドングリは、(1)大きくて、(2)栄養を溜めている大きな子葉があり(胚乳はない)、(3)それを薄い皮(種皮)が被い、さらにもう一枚、硬くて厚い皮(果皮)が被っている。(4)ふつうは一枚の果皮の中に、種皮に包まれた種子は一個だけ。そして、(5)果皮の外側にお皿のようなもの(人によっては「帽子」と呼ぶが、位置関係から帽子とは呼ばないほうがいい)があって、少なくとも若いときには果実全体を被っている(図2−1)。

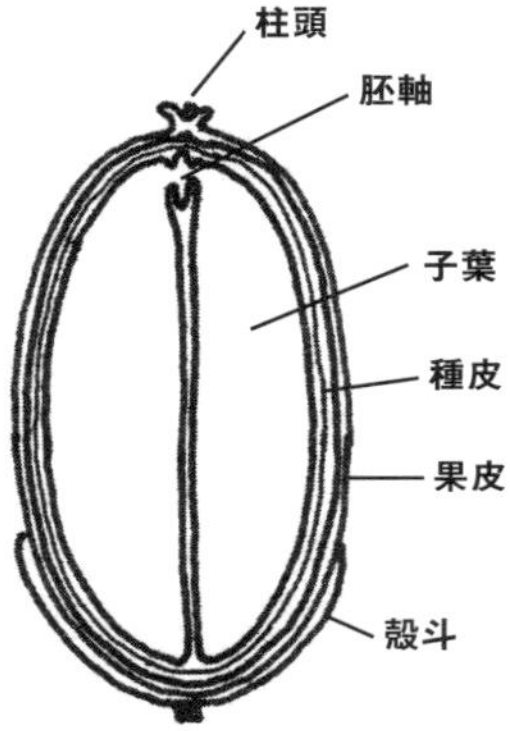

図2−1　ドングリの断面。大部分は栄養を蓄えた大きな子葉(2枚)を薄い種皮が被い、さらに丈夫な果皮が被っている。発芽するときに先端から根と茎が出る。

これはブナ科という、植物の分類上のグループに共通の特徴で、まとめると「ブナ科の樹木が作る果実」がドングリだということになる。

「科」というのは、分類上のグループ（分類群）で、共通点を持つもの同士をまとめたものだ。科は、さらに小さい分類群、属に分けられ、属は分類の最小単位、種の集まりだ。これまでコナラ、クヌギ、クリなどと呼んできたものは、種の名前だった。

ドングリの外側のお皿には、「殻斗《かくと》」という名がついている。コナラでは殻斗の中の果実は一個だが、クリはふつう三個で、果実が成熟するまで全体を殻斗が被っている。クリで「イガ」と呼ばれているものが、クリの殻斗だ。ドングリによって殻斗の中の果実の数や、殻斗の形は多少違うものの、殻斗があるのはブナ科の果実に共通で、ほかの樹木の果実にはない。「殻斗がある」というのがブナ科の果実の大きな特徴だ。

どこで出会える？

関東周辺の雑木林には、コナラとクヌギが必ずある。雑木林は次々に失われているが、代わりに公園に雑木林にあった樹木が植えられている。最近は常緑性のシラカシやマテバシイを植えた公園も多くなった。

神社の森にも、何種類かのドングリがある。低い山はほとんどが里山として使われてきて、元々の森ではなくなっているが、コナラなどの落葉性のドングリのほかに常緑性のドングリが何種類

【コラム】分類と種

私たちはいろいろなものを分類する。分類というと分けることのように思うが、実は同じ性質を持ったもの同士をまとめることだ。生物には個体差があって、例えば同じ人でも年齢と性別が違えば、ずいぶん違って見えるが、それでも人は人だ。このようにまとめられたグループを「分類群」という。

生物を分類することは、進化の結果である「系統」を探すことでもある。そして分類群の最小単位は「種《しゅ》」であり、同じ種に属する個体は、共通の形を持ち、共通の生活の仕方をし、有性繁殖を通じて日常的に遺伝子を混ぜ合わせる。その中に個体差があることは、同種であるということと矛盾しない。そして系統的に近い種同士は、形が似ているし、生活の仕方も似ているところがあるが、違うところもあって、有性生殖はできない。

すべての生物で、このように種がふるまうか、というと必ずしもそうではない。種間雑種ができて、さらにそこから新しい種が生まれたことすらあった。ブナ科でも、カシワとミズナラ、カシワとコナラ、コナラとミズナラの間に自然雑種ができる。また、アカガシとツクバネガシの自然雑種と推定されるものもある。

種を定義しようとしても必ず例外が出てくるから、完全な分類はなかなかできない。図鑑を丁寧に読むと、こんな迷いも見え隠れする。

種より細かい分類群は、必要に応じて使われる。亜種は生息地が地理的に分かれているものに対して使う。植物ではほかに変種、品種、園芸品種などの区分が使われることがある。

似た種をまとめて、より大きな分類群を考えることができる。これは同時に、系統の近さ・遠さを表す。種をまとめて属、属をまとめて科、科をまとめて目、目をまとめて鋼、鋼をまとめて門とする。中間の分類群が必要になることも多く、科ならば下に亜科、上に上科をつくることがある。一番上は、界だったが、現在はさらに上にドメインがある。

例えば、コナラの場合、「植物界 被子植物門 モクレン綱 ブナ目 ブナ科 コナラ属 コナラ亜属 コナラ」となる。

かある。自然の常緑樹林が残された、高尾山や清澄山に行けば、アカガシやウラジロガシがたくさんあるだろう。海岸近くには同じく常緑樹のスダジイが多い。

山の林は、標高が一〇〇〇メートルくらいまではコナラが多く、クリもある。クリといっても、店で売っているような大きなクリではない。一個が二グラムくらいの小さなクリで、それでも野生の果実の中では破格に大きい。

高い山に行くと、コナラの代わりにミズナラが多くなり、ブナやイヌブナも見られるようになる。日本海側の山では、ブナが多く、ほとんどブナだけの森ができる。森があれば、そこがスギやヒノキの人工林でない限り、何かのドングリがあるのだ。

ただ、亜高山帯のように高いところまで登ってしまうと、ドングリの仲間はいなくなる。ある程度温暖なところでないと、ドングリは生きられない。

日本のドングリ

日本には、ブナ科の樹木は二二種ある。種とは、分類の最小単位。同じ種ならば、形も性質も似ていて、お互いに花粉を交換して新しいドングリ（果実）を作ることができるということ。つまり有性生殖を通じてつながりあった樹木の個体の集まりである「種」が二二あるということだ。二二種のドングリは、特徴によって五つの属にまとめられている（図2―2）。

〈コナラ属〉

武蔵野の雑木林に多いコナラは、コナラ属の一種で、殻斗が短く皿状で、細かい鱗に被われている。コナラ属のドングリは、みんな殻斗が短く、ドングリは殻斗から飛び出すように生長する。一つの殻斗に、ドングリは一個だけしか入っていない。そのためか形は丸い。

クヌギもコナラ属だが、殻斗表面の鱗が伸びて、フサフサした感じになる。コナラ属のドングリは、全部で一五種ある。

コナラ属の中に、常緑性のドングリで、殻斗の鱗がなく、輪模様になっているものがある。これらは、コナラ属を少し小さいグループに分けて、亜属という分類群を作り、アカガシ亜属にまとめられている。コナラやクヌギは、コナラ亜属になる。

アカガシ亜属には、アカガシ、アラカシ、シラカシ、ウラジロガシ、ツクバネガシ、イチイガシ、ハナガガシ、オキナワウラジロガシの八種、コナラ亜属はコナラ、ミズナラ、ナラガシワ、カシワ、クヌギ、アベマキ、ウバメガシの七種。アカガシ亜属は全部常緑樹だが、コナラ亜属はウバメガシだけが常緑樹で、ほかは落葉樹だ。

〈マテバシイ属〉

マテバシイは、コナラに似て、鱗模様の皿型の殻斗を持っているが、花のときに三つの花が接したような形になり、それぞれの花に殻斗がある。これはそれぞれの花についた殻斗で、花序に

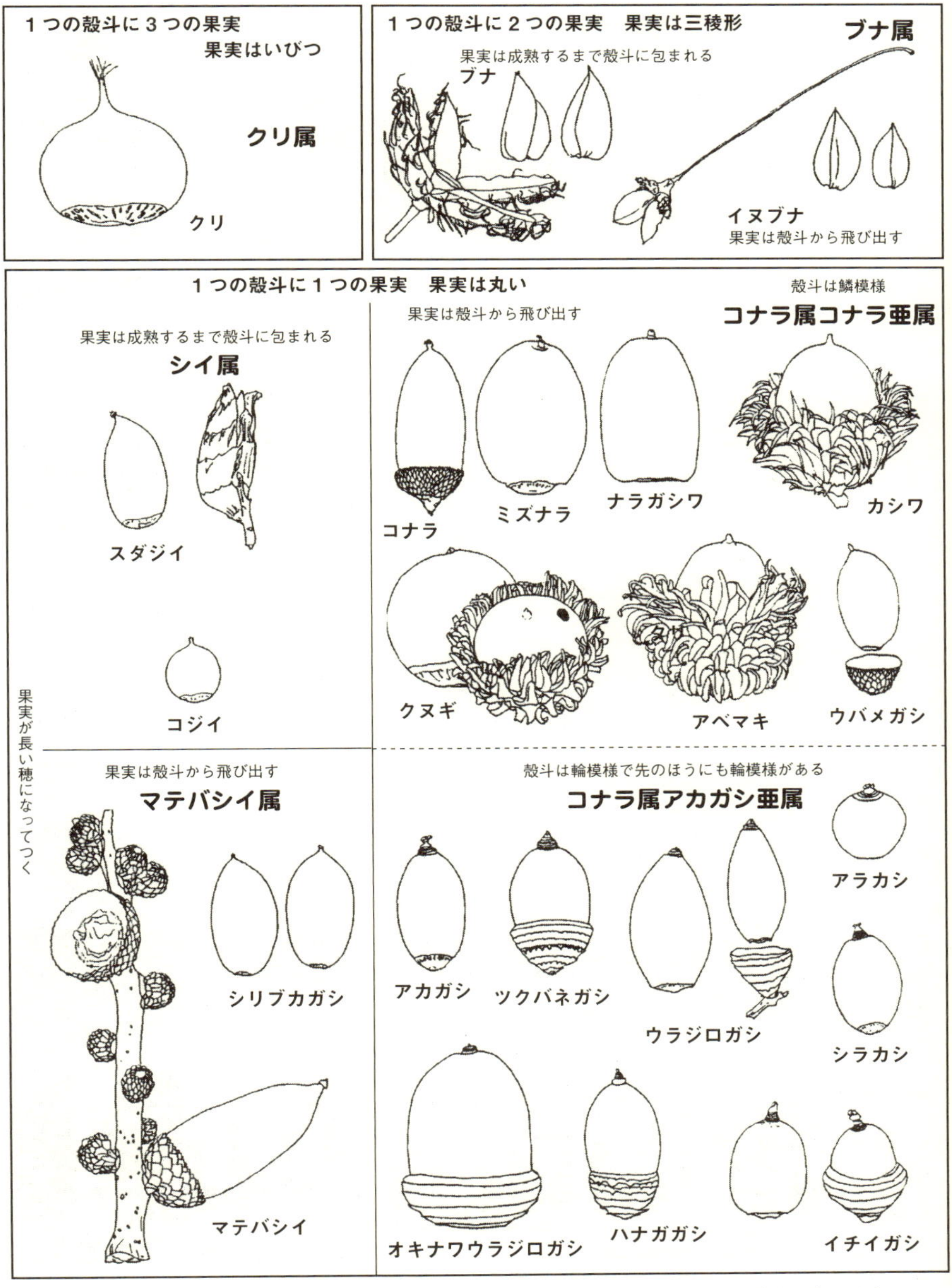

図2－2　日本で見られるドングリ。大きな分類群の区別点は日本産のドングリだけに当てはまる。外国産のドングリには、この区別に合わない ものもある。

ついた殻斗だと解釈されるほかのブナ科の殻斗とはでき方が違っている。※1 出来上がりの外見が似ていても、でき方が大分違うので、コナラ属とは別の属、マテバシイ属になっている。雌花のつき方も、コナラ属が短い軸に数個の雌花をつけるのに、マテバシイ属は長い軸に雌花をたくさん作るので、長い穂になって実ができる。温暖な地域の常緑樹で、日本のマテバシイ属には、もう一種、マテバシイより少し小さいドングリがなるシリブカガシがある。

〈シイ属〉

シイ属も常緑樹だが、ドングリが熟すまで殻斗がドングリ全体を被っている。一つの殻斗にドングリが一つ、けれどもドングリの先が細くなっていて、あまり丸い感じがしない。生で食べても甘味があっておいしいドングリで、スダジイとコジイの二種がある。奄美・沖縄のスダジイは実が大きく、オキナワジイと呼ばれて、スダジイの亜種として扱われる。

〈クリ属〉

クリ属にはクリ一種だけがある。刺だらけの殻斗は、中の三つの実が熟すまで、完全に実を被っている。丸くなくてひしゃげた形になるのは、三つが押し合いながら育つせいかもしれない。果実がどれだけおいしいかは、クリだけが今も栽培されて、実の大きな品種が作られていることからもわかる。植えた歴史も古く、青森県の三内丸山遺跡から見つかったクリの実はすでに、人

による選抜を経たと考えられる。※2

〈ブナ属〉

ブナ属のブナは、やや寒冷な地域の落葉樹で、積雪の多い日本海側の山では、ほとんどブナだけの森、純林に近い森を作っている。ブナ林の美しさは誰もが好むようで、あたかも冷温帯の代表の森のように言われるが、果たしてそうだろうか。

太平洋側の地域には、ブナ林は少なく、もう一種のブナ属、イヌブナと共存している。ブナの殻斗は果実全体を被うが、成熟すると四つに割れて二個の果実が顔を出す。果実は丸くなく、三角錐で稜がある（三稜形という）。日本のブナ科の果実の中では、最も小さく軽いが、貯蔵栄養が脂質なので、小さい割に食物としては高カロリーだ。ブナ属のドングリには、このほかにも変わったところがたくさんある。

常緑性のドングリは、温暖な地域で常緑広葉樹林を作る樹木だが、常緑広葉樹林が育つようなところは、平野や丘陵地、低山でもあったため、早くから人が利用してきて、本来の森はあまり残っていない。代わりに、人が改変した森である雑木林に、落葉性のドングリがたくさん育っている。これが里山であり、多くの人が思い描くふるさとの森は、里山の雑木林だ。一方で、ブナ林は奥山の森だったため、近代まで大きな改変を免れて残っていた。

図２−３　ドングリの花。コナラ（上）は風媒花、雄花は新枝の根元付近から長い穂になって出る。雌花は新枝の先端につく。下は雌花の拡大図。左から、コナラ、クリ、スダジイ、マテバシイ。コナラ以外は虫媒花。

今、ドングリの分布地図を作ったら、そういう人による改変の跡を色濃く反映する地図になるだろう。

例えば、標高五九九メートルの高尾山には、一〇〇〇年以上も人が切ったことのない自然林が保存されている。自然林にはアカガシ、ツクバネガシ、ウラジロガシが主役となって背の高い常緑広葉樹林を作り、脇役のように少し小さいシラカシとアラカシが加わっている。

高尾山の北側斜面には、これも自然林と考えられる落葉樹林が広がっているが、この自然林の主役はイヌブナで、脇役にはブナと、まだ大きくなっていないアカガシなどの常緑樹がある。

自然林の外側は人工林と雑木林で、雑木林の主役は落葉樹のコナラ、それに数は少ないがクリが加わる。山頂付近にはクヌギも少しある。山頂から西へ伸びる稜線は、上り下りをくり返しながら徐々に高さを増していくが、ここには少しずつミズナラとカシワが混じってくる。雑木林は、どこまでが自然のもので、どこからが人が変えたものなのか、判然としない。

世界のドングリ

世界にはどんなドングリがあるだろうか（図2－4）。

〈北半球〉

コナラ属は世界で約三〇〇種という多数派のドングリで、分布は一番広く、北半球温帯の湿潤な地域に留まることなく、乾燥した地域にも広がっている。といっても、広がっているのはコナラ亜属のドングリで、アカガシ亜属はアジアに限られる。もう一つの多数派は、マテバシイ属だ。こちらも三〇〇種くらいあるが、マテバシイ属は大部分が湿潤な東アジアに分布が限られている。ほかのシイ属、クリ属、ブナ属は、種数が少なく、シイ属が約六〇種、ほかは多くても一〇種程度なので種数ではほとんど無視できるくらいでしかない。しかも大部分が東アジアにあって、ここがドングリのふるさとではないかと思わせる。

北アメリカ大陸にもドングリの種類は多いが、その大部分がコナラ属のドングリだ。ただ、アメリカ大陸には独自のアカナラ亜属というグループがある（コナラ亜属から別れたと考えられる）。北アメリカ大陸ではそのほかの属はごく少数派だが、マテバシイ属やシイ属のドングリがある。ほかの地域にはなく、東アジアと北米に飛び地のように分布しているのだから不思議だ。

コナラ亜属がほかの属のドングリに比べて広く北半球に広がったのは、落葉性の獲得と、そ

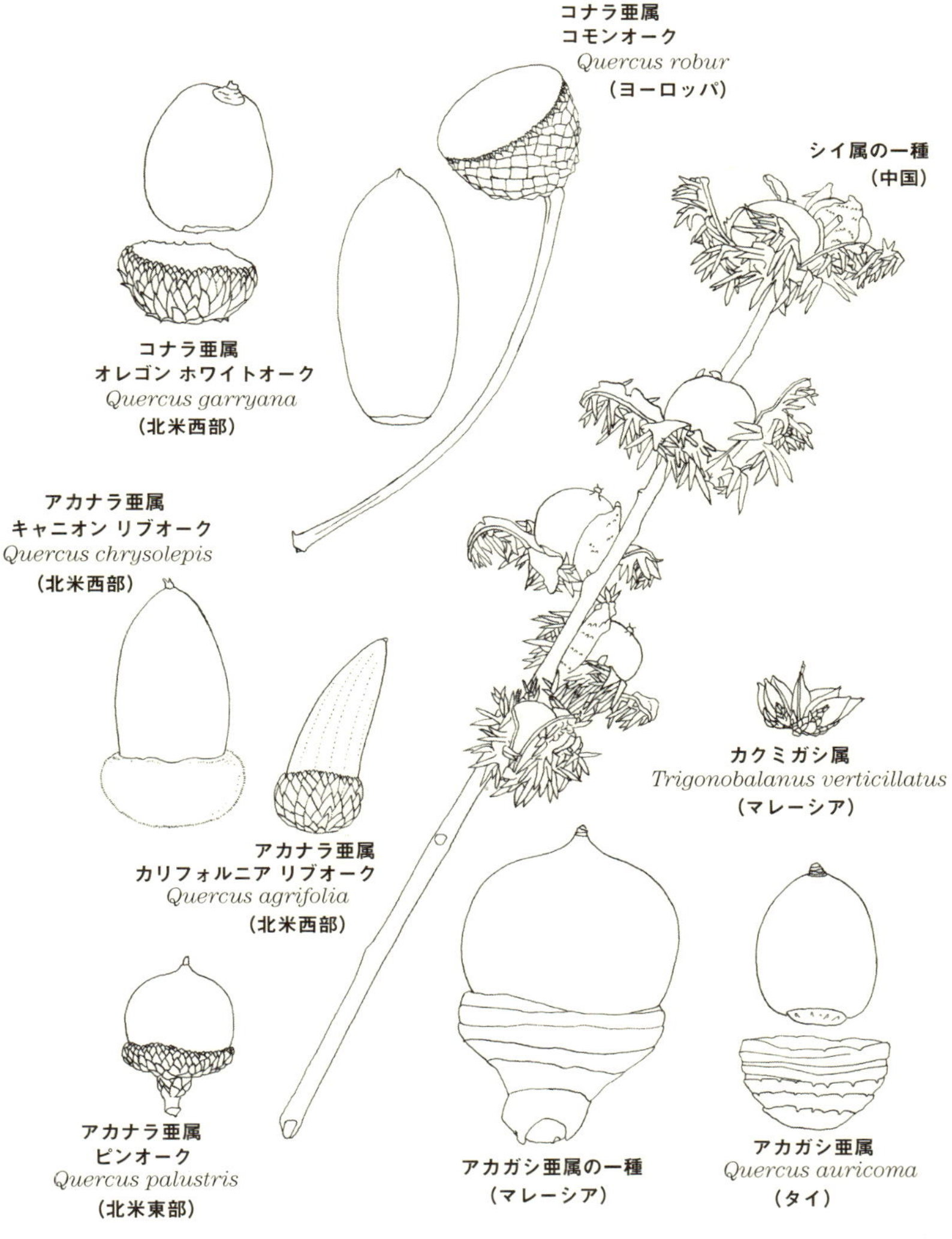

図２－４　外国産のドングリ。種が違っても形は似ている。

の前に乾燥に対して適応を成し遂げたからだろう。常緑性のコナラ亜属は、ウバメガシを含めて、夏に乾燥する地中海性気候の地域に多い。常緑といっても葉が小さく厚く、時には葉の裏に毛が生えていて、地中海沿岸の硬葉樹のような外見をしている。落葉するという性質も、寒さよりは乾燥への適応として有効なのではないかと思われる。

ブナ科で北半球に広い分布域を持つ属は、同じく落葉性を獲得したクリ属やブナ属だ。クリ属とブナ属は、少数の種が広く分布している。中でもブナ属は、その地域の森で多数派になるという「特技」を持つ。冷温帯の森はブナ（属）林だという印象はヨーロッパ生まれだが、すっかり定着したようだ。

世界に広がっても、ドングリの特徴はみんな保持している。ドングリの持つ性質は、どこに行ってもうまく機能したのだ。

日本にはないドングリのグループに、カクミガシ属とトゲガシ属がある。種数は少ないが、ドングリの進化を考える上で、重要な形を保持している貴重な存在だ。

〈南半球〉

南半球には、ナンキョクブナ属の樹木がある。これは、殻斗を持つから、かつてはブナ科に入れられていたが、今は南半球で進化した、ブナ科に近い分類群として、独立したナンキョクブナ科となっている。ブナ科よりも果実が極端に小さい種があって、小さいながら果実に翼が付いているものもある。ナンキョクブナ属の果実を観察すれば、ブナ科のドングリ形の果実がどこから進化してきたのか、ヒントになるかもしれない。

南半球には、ブナ科のドングリはない。それは大陸の歴史ともかかわっているので、必ずしも南半球ではドングリの形ではうまくいかないということではない。

陸地は北半球のほうがずっと多いから、地球は言わば「ドングリの星」と呼んでも過言ではない。

ドングリの誕生

ドングリの形は、ドングリの生き方と深くかかわっているはずだ。そうならば、種が違っても、ドングリはどれも似た形をしているから、その生き方もまた似たものになっていなければならない。ある生き方を選んだから同じ形になったのか、形が生き方を制限しているのか、どちらにしても、ドングリの生き方とドングリの形は、密接にかかわっていて、それがうまく機能しているから、これだけ多くの種が生まれ、世界に広がっていくことができたに違いないのだ。

ドングリは、いつからこの地球上に現れたのか?

最古のブナ科の化石は、九五〇〇万年～六五〇〇万年前の中生代白亜紀後期、まだ恐竜がいた頃のものだ。この頃の陸地は、南米・南極・オーストラリアの、現在南半球にある大陸がほかの大陸から分離し、北米・ユーラシアが一塊になっていて、そこにアフリカが接していた。インドはほかの大陸から離れて、独自に北上中だった。

化石の記録によると、中生代白亜紀後期に北米でプロトファガケアというブナ科の植物の化石が見つかり、同時期に南半球ではナンキョクブナ属の花粉が見つかっている。[※3] ナンキョクブナ属は、すでに分離した今の南半球の陸地で、北半球のブナ科とは混じらないまま、独自の進化を続けたことになる。

プロトファガケアがどんな生活をしていたのかは、わからない。ただ、この後現れた現生のブナ科の樹木は、祖先の形を引き継ぎながら、自分の生きている独自の環境に応じて、その形を作っていったのだろう。

新しい形の創生は、ドングリという生き方の創生でなければならない。遅くとも新生代第三紀始新世には、今ある属が生まれ、ドングリがドングリらしい形になったときには、ドングリとしての生き方も確かなものになっていた。そのとき世界は、哺乳類の時代になっていた。

ドングリの形と大きさに見られる個性

ドングリを拾うときにちょっと注意して、母親の樹木（母樹）を区別して拾い、母樹ごとに比べてみてほしい。たとえ種類が同じでも、ドングリの形と大きさは同じではないことに気づくはずだ。ある木は小さめのドングリを作り、ある木は細長いドングリを作る。ドングリの大きさと形の違いは、母樹の個性なのだ。人はこのドングリの木が持つ個性を利用して、ドングリを選んで育て、より大きいドングリを作りだしてきた。

樹木は長生きで、種子から育って実をつけるまで長い時間がかかる。選抜によって少しずつ大きくしていくのは気の長い作業だったことだろう。結果として、私たちは大きな実を作るクリを作りだして食べている。

大きい実の栽培品種を作ることができたのは、もともとドングリが大きさの違う実を作る個性的な木の集まりだったからだ。そしてこの個性が、母樹に備わっていたからこそできたことだ。

クリ以外では大きな実の品種は作られなかったが、多分いつでも野生のドングリから大きな実のドングリを作り出すことはできるだろう。ドングリの大きさと形が、同じ種類でも母樹によって違うのは、まだまだ変化する可能性を残していることを意味している。

生きものは規格品ではない。各自、それぞれが個性を持っている。進化も、個性がなければ起こらなかった。今、たくさんの種類のドングリがあるのも、特定の環境に対して、うまく応じられた個性が選ばれてきたからだ。

もし今ある形が保たれているのなら、今の平均的な個性を持つものが、今の環境から選ばれているのではないかと考えることもできる。それはドングリの生き方とかかわりがあるはずだ。

ドングリは、自分の形と大きさを通じて、誰に対して、何をしているというのだろうか。

緑色で落下したミズナラのドングリ。成熟する前に
誰かが落としたものか？

3章　奥多摩のドングリ

奥多摩の森

私のフィールドである奥多摩地域は、多摩川源流の山々が連なる関東山地の東側の一部をなす地域で、今もツキノワグマをはじめ、本州に棲む大型動物はすべて生息している。しかし森林はすでに人の手により大きく変えられ、人工林の占める割合が多い。

標高が低いところほど人工林が多く、自然林は山奥の標高の高いところを中心に僅かにあるだけだ。自然林のうち亜高山帯のコメツガの多い針葉樹林は、東京都の特別保護区になっている。その下に広がる落葉広葉樹林は、樹木の種類がとても多く、イヌブナ、ブナ、ミズナラが混生し、少し標高の低いところではクリも加わり、多様性の高い森になっている。こんな森がもっと広かったら、どんなに豊な山になるだろうかと思う。

奥多摩の、自然林と人工林を除いた残りの部分は二次林（雑木林）になっている。二次林は、野生動物にとって食物のない人工林の隙間に散らばるように分布している。おそらく野生動物は細かい雑木林をつないで動き回り、必要な食物を得ている。

また、奥秩父を含めると、どんな森かは別とすれば、広大な森林が切れ目なく続いていることが、動物たちが生き残る上で、重要だったのではないか。森と野生動物は、切り離すことができない。奥多摩で野生動物の食生活を支えてきたのは、もっぱら雑木林だったのだ。

奥多摩の雑木林は、標高一〇〇〇メートル付近を境に、低いところではコナラ、高いところではミズナラが多い。雑木林の樹木が作る果実、とりわけドングリは、秋の一時期に多量に実る。

母樹の数が多いから、山全体ではものすごい数になる。これが野生動物の生活に影響しないはずがない。その上、秋に実るドングリの数は、毎年同じではなく、極端に少ない年があるかと思えば、多量に実る年もあることが経験的に知られていた。

一九九一年は地元の人も一〇年に一度の大豊作と言うほどで、この年の秋に沢登りに行ったときには、足の踏み場もないほど多量のミズナラのドングリが、登山道の上にも川の中にも落ちていた。

ドングリの個性が気になる

「奥多摩のドングリの結実量を調べてもらえないか」

奥多摩でツキノワグマの調査を始めたばかりのヤマザキさんから声をかけられたのは、一九九二年の初夏のことだった。彼は当時私が勤めていた東京都高尾自然科学博物館（二〇〇四年に廃止）の、動物担当の同僚だった。同博物館は調査費を出すことはなく、野外へ調査に出ることも認めなかった。社会教育の施設という位置づけだったから、調査研究は、仕事として位置づけられていなかったのだ。

そのような職場だったのだが、ヤマザキさんは、ツキノワグマの調査には助成金が得られたので、奥多摩のツキノワグマの行動を調べることと併せて、クマの餌環境を評価したいと考えて私に調査を依頼したのだった。特にツキノワグマの餌の中でも、秋の主要な餌であるのにもかかわらず、結実量が大きく変動するドングリを調べたいということだった。

ツキノワグマは秋、冬ごもりの前にたくさん食べて皮下脂肪を蓄える。秋に十分餌が食べられないと越冬が苦しくなるだろう。また、メスは越冬中に出産して春まで授乳するが、皮下脂肪の蓄積が十分でないと出産できない。秋にドングリが豊作かどうかで、秋の餌環境が大きく左右され、さらに子供が生まれるかどうかも決まるのだから、餌の中で第一に調べるべきなのは、ドングリになる。

話を聞いたとき、私はずっと気にしていた、ある考えを思い起こした。ドングリの結実量を調べた報告は、奥多摩以外の地域では既にいくつもある。結実変動のパターンも出ているし、理由も見当がついているはずだ。これから新たに調べても「奥多摩ではこうでした」という一例報告でしかなく、調べていてもおもしろくないだろう。調査は、片手間でできるようなことではないのだから、山に行ける楽しみくらいでは続かない（第一山を楽しむつもりなら、調査よりもいい方法がたくさんある）。助成金があるからできるというものではないし、奥多摩の野外調査は休日にしかできない。

ただ、これまで個体群を扱った調査を行い、ほかの人の成果を見てきた中から、集団の中で個体がどのようにふるまっているか、私は気になっていたのだ。これまでの調査では、個体による差を無視できるようにして、統計処理をして全体の傾向を求めていく。そして個体のふるまいは意識的に全体に埋没させてしまう。ドングリに限らず、種子がどれだけ作られるかという情報も、集団のものであって、一本一本の個体のものではない。

しかし、生き物の個体は、それぞれが独自のものであるはずだ。種としての共通の性質を持っていても、同時にそれぞれの個体が独自の性質を持ち、独自の運命をたどる。その過程と、集団とは、どこでどうかかわっているのだろうか？　個性を持つ個体のふるまいと、集団としてのふるまいとのあいだには、大きな落差があるのだ。

このことは、人間のことを考えるとよくわかる。毎年どれだけの子供が産まれて、どれだけの人が何歳で死んでいるか正確にわかっている（保険の掛け金はこれを元に計算される）。平均寿命も正確に計算できる。けれども、自分が何時、どんな理由で死ぬかは、統計からは絶対にわからないし、個人の人生は、ほかとは交換のできない独自のもので、独自の価値がある。人口統計は、こうしたことにまったくかかわらない。

むしろ、多種多様な生き方をする個人の、生死という一つの局面だけを集めたら、こうなったということでしかない。そこから何かの法則や傾向が出てくることのほうが、不思議ではないか（しかも、保険会社はこのような統計を利用してさえいる）。

相手が動かない樹木だと、こうした個性があることは私もいつもは意識していなかった。しかしドングリの結実量の変動は、母樹という個性を持った個体が決めることだ。もし森全体での結実量が変わるのなら、その森に生きる母樹たちがある程度全体に合わせるふるまいをしているはずではないだろうか。調べ方によっては、何か手がかりが得られないだろうか。

落下量を調べる

私は、同僚の依頼に対して、「少し手間のかかるたいへんな作業になるかもしれないが、ドングリの落下量を、母樹による差も出せるようなやり方で調べてもいいなら、引き受ける」と言うと、彼は快諾してくれた。

さて、ではどうすればいいか。

調査方法は、よく使われるシードトラップ（図3−1）という装置を木の下に設置して、ドングリが落ちてくる季節に何度かシードトラップを設置したところに行って、中に落ちてきたドングリを回収して数を数えることにする。これなら重さも量れるし、虫がどれくらい入っているかも調べられる。

シードトラップを置く場所を工夫して、試料にすると決めた母樹個体の樹冠の下にセットすれば、その母樹のドングリが落ちてくるだろう。ドングリは

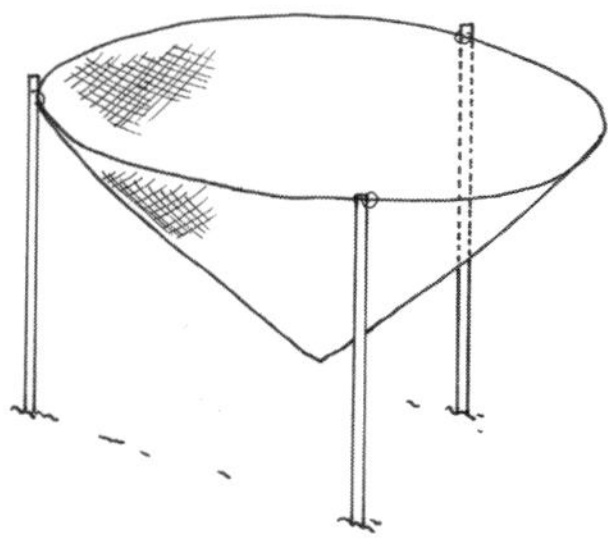

図3−1　調査に使用したシードトラップ。針金の枠に細かい目のメッシュを張り、塩ビのパイプで足をつける。

風で飛ぶことがないから、隣の木のドングリが入ったとしても、最小限に抑えられるはずだ。

試料にする個体は、ひと続きの森の中で何本かの母樹を選ぶ必要がある。そうしないと、その個体一本だけの個性なのか、同じ森のほかの個体との共通のふるまいなのか判断できない。より広い範囲の現象を捉えるためには、何ヶ所かの森で調べたほうがいい。

ドングリの種類も、クマの餌を調べるのだから、何種類か調べるべきだろう。また、種の違うドングリ同士のあいだの関係も気になる。といって、あまりにたくさんのことをしようとすれば、時間も労力も足りない。どこかで妥協しないといけない。

ある程度方針が決まったところで、調べる森を決める。雑木林は細切れなので、少し広くて母樹個体の数が多いほうがいい。また、何度も通うのだから、道路からあまり離れていないほうがいい。作業をするには傾斜があまりにも急では困る。少なくとも両手を離して立っていられるくらいの傾斜でないと作業ができないからだ。こうして条件を挙げていくと、そんなに都合のいい場所があるのだろうかと不安になってくる。

最初の候補の森は、クマのトラップをかけてある場所でもあった。「倉掛尾根」の、奥多摩周遊道路から少し林の中に入った標高一二〇〇メートルの場所は、尾根の上で傾斜がゆるく、少し下ると傾斜は急になっていく。ミズナラ、シラカンバ、ヤマザクラ、そしてクリも混じった林で、木は細く、背も低いが、一応樹冠は隙間なくふさがっている。

二つ目の候補の森は、奥多摩湖の北側、「峰」という集落の奥、標高は一一〇〇メートル。林

【コラム】ドングリの数を調べる方法

数といっても、1 本の木につくドングリの数全部を数えるのは難しく、木を切り倒さない限り無理だ。そこで枝当たりの数・面積あたりの数を数えることが、よく行われる。

ドングリは大きいので、一定の面積を決めて地面に落ちているのを直接数えることもできるが、斜面では転がっていってしまうものもあるし、動物が持ち去ることもある。都市公園のように平らで、ネズミなどがいない場所なら、このような数え方もできるが、山の中だと、少し工夫がいる。

1. シードトラップを使う方法

目の細かいネットで落ちてくる種子や果実を受けて、定期的に中身を回収して数える方法。ネットの中から持ち去る動物はほとんどいないようだが、念のためネットの上側にもドングリが楽に通る程度の目の粗い網をかけることもある。ネットは足をつけて地面に接しないようにする。ネットの形は自由で、作り易い形にすれば良い。入り口の面積は測っておくこと。中身の回収頻度は、労力との兼ね合いで決める。あまり長く放置するのは良くない。

ネットは、林の平均的な落下量を調べるために、一定間隔で格子状に配置することが多い。私は樹木個体による違いを出すために、調べる木を決めて、その樹冠の下に 2 個ずつ置いた。

これでわかるのは、「面積あたりの落下量」で、樹上で食べたり、持ち去る動物がいるから、樹木が作った全部の量はわからない。

2. 双眼鏡を使って樹上のドングリを数える方法

調べる枝を決めて、その枝のドングリを双眼鏡で見上げて数える。特別な道具が要らず、時期を選べば、全部数えられるはず (?)。ただし枝によって違うこともあるから、どの枝を選ぶかが大事だ。何年も続けると、枝の生長で果実をつけるのにいい枝かどうかが変わってくる。

同じ数えるのでも、時間を決めて、例えば 30 秒でいくつ数えられるかを結実量の指標にする方法もある。人によって差が出そうだが、慣れるとそうでもない。

道からくねくねと続く細い踏み跡をたどって谷をいくつか越えていくと、尾根から続く広い斜面がある。倉掛尾根よりも太くて高い森でミズナラが多い。尾根付近にはまとまった数のコナラがあった。

調査の始まり

一九九二年は、倉掛尾根と峰の二ヶ所に、シードトラップを設置して、その秋からドングリを数え始めた。しかし、前年が大豊作だった反動か、ドングリはほとんど落ちていない。少ない、ということも大事な情報なのだが、あまりにも少ないと、回収に行っても張り合いがない。まだデータの蓄積がないから、少ないことがこれからどんな意味を持ってくるのか、まったく見えてこない。

翌一九九三年からは、奥多摩周遊道路に沿った「月夜見山」の一角、標高一二〇〇メートルにやはり広い斜面になったミズナラ林にもシードトラップを設置した。さらに、倉掛尾根の一三〇〇メートル地点に、広い斜面になったクリ林を見つけたので、ここにもシードトラップを設置した。

クリは奥多摩の雑木林には必ず混じっているが、数はあまり多くない。だから狭い場所で何本も調べることはできない。ところが、この森は、大きな木の半分以上がクリという、変わった森だった。しかも、このクリは野生のクリで栽培品種ではない。どうも、雑木林を切るときにクリだけ残したように見えた。

ほかの個体の幹が数本の株になっているのに、クリは幹が一本だけのものが多く、切られた痕がない。このときは不思議な森だと思ったが、奥多摩にはこのようなクリ林が、ほかにも点々とあることを後で知った。

クリは動物の食物としても大事だろうし、ほかのドングリと比べるのはおもしろいかもしれないので、ここにもシードトラップを設置した（表3－1）。

最終的に選んで、シードトラップを設置したところと、そこの木の状態は表を見てほしい。一度にたくさんのシードトラップを作るには、助成金はありがたかった。

ドングリは、九月下旬頃から、外見は一人前に育ったものが落ちてくる。九月はまだ秋雨の季節で、冷たい雨が降る日も多い。シードトラップの中には、ドングリ以外にもいろいろ入っている。落ち葉、小枝、ドングリ以外の果実、虫の糞……、こういう雑多なものの中からドングリを選別するのは簡単だ。し

表3－1　調査地と調査対象個体の大きさ

場所	標高(m)	対象種	調査対象個体の大きさ 最大直径の平均値(cm)	樹冠面積の平均値(m^2)
峰	1100	コナラ	25.9	48.7
		ミズナラ	19.8	35.1
倉掛尾根	1200	ミズナラ	11.0	20.9
月夜見山	1200	ミズナラ	18.0	25.6
倉掛尾根	1300	クリ	25.0	34.4

かしドングリになりそこなった小さなものや、動物に齧られた破片も選ぶとなると、ちょっと手間がかかる。

全部持ち帰るには量が多すぎるので、トラップの中からドングリに関係するものだけを選んで持ち帰るのだが、雨の日に濡れたものを選別するのは、少々やりにくい。

雨の日は暗いことも多く、手元が見づらいことも多いし、濡れた落ち葉をかき回していると、手先が冷えて細かい動きができなくなってくる。といって、晴れた日を選ぶほどの余裕はないので、嵐でもない限り、休むわけにはいかない。

一〇月中旬以降は、晴れる日が多くなって、山を歩くだけでも爽やかで気分が良かった。一番たくさん落ちるのは、一〇月初〜中旬のあいだで、それ以後は少なくなるが、ダラダラと落ち続けて、殻斗まで落ち尽くす頃には、一二月になっていた。

はじめは落ちてくる様子を記録したいと考えて、一週間〜一〇日おきに回収していたが、使える時間と相談して、後には二週間おきに回収することにした。これでも、道路が通行止めになったときは苦しい思いをした。山は崩れるものだとはいえ、現実に崩れてしまうと、調査をあきらめるわけにもいかず、道路が復旧するまでのあいだ、歩いていくための時間を作るのに苦慮した。

さまざまな落下物

ドングリ本体の落下は、九月からはじまる。見かけは一人前の大きさだが、この頃に落ちるドングリは、落ちた直後は緑色で、時間が経つと茶色に変わる。殻斗がついたままなのと、乾燥すると軽くなることもあって、まだ未熟なのではないかと思い区別しようとしたが、うまくいかない。一週間もすると色が変わるので、落ちたときの色はわからなくなる。色や大きさから未熟だと思っていても、一人前に根を出してくるものもある。発芽できるなら、未熟ではない。

ミズナラもコナラも、秋のうちに根を出す。これも謎の一つだが、ドングリは乾燥に弱く、机の上に転がしておくと、まもなく乾いて死んでしまう。ドングリは落ちてからも活発に呼吸していて、呼吸とともに多量の水分を出してしまう。

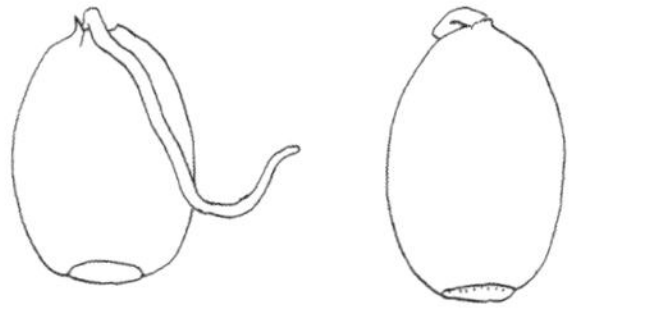

図３－２　根を出したミズナラ。ミズナラ、コナラは落ちてまもなく根を出す。茎を出すのは、春になってから。

硬そうな殻（果皮）は、少しも水分を保たない。根を出すのは、乾燥から身を守るのに役に立つかもしれないが、ドングリでも秋に根を出さない種類がたくさんあるから、乾かさないことが根を出す理由ではないだろう。一緒に調べているクリも、秋に根を出さない種類だ。

回収してから次の回収までの間隔が一週間以上あるので、トラップの中で根を出しているドングリも多い。それを持ち

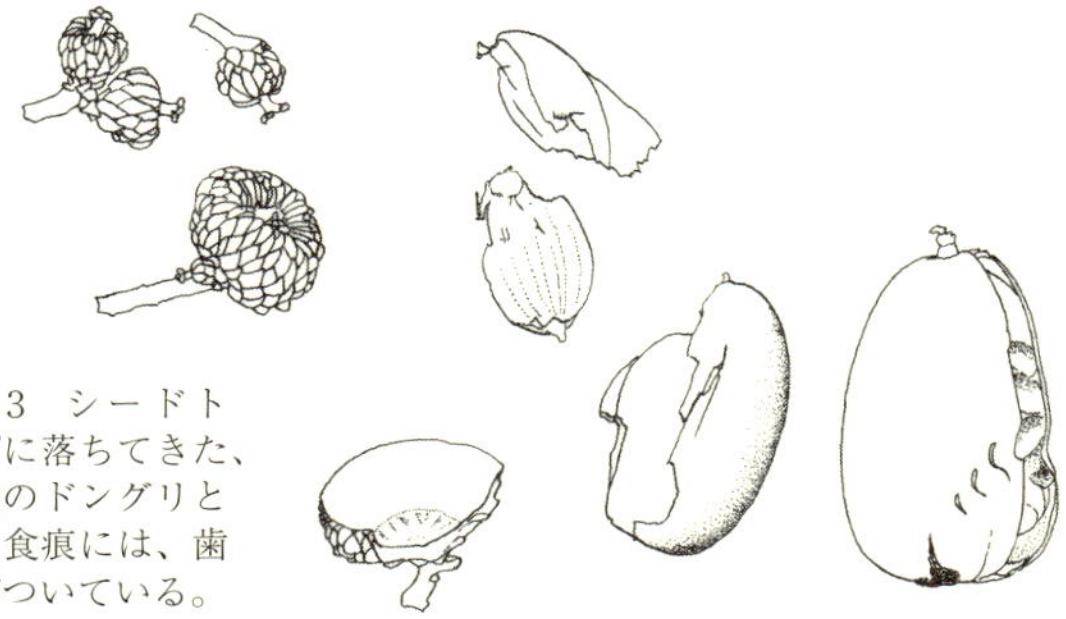

図３－３　シードトラップに落ちてきた、未発達のドングリと食痕。食痕には、歯の痕がついている。

帰って、部屋で乾燥させているうちにも次々と根を出してくる（図３－２）。ドングリの発芽率は、ほぼ一〇〇パーセントだった。

一〇月に入ると、落ちてくるドングリの量は飛躍的に増える。こうなると、全部の場所を一日で回るのが難しいこともあった。成熟したドングリは、殻斗から離れて落ちてくる。風もない静かな林の中にいると、時々パサッと、ドングリの落ちる音がする。ちょっと風が吹けば、バラバラと落ちてくる。

一〇月下旬にはドングリ本体は大体落ち尽くし、代わりに殻斗の落下が多くなる。たくさん落ちてくる期間は短いが、その後も少しずつ落ち続ける（図３－４）。

落ちてくるものは、このほかにドングリになりそこなった小さなものもある。雌花と変わらないものから、少し大きくなったもの、一人前に近いものまで、どこからドングリとして「できた」と考えていいのか迷うようなものも多い。記録を取るには、どこかで線を引かなくてはならない。殻斗の中に埋まったものはまだ未熟と考えて、殻斗がはずれるようなら一人前と判断することにした。

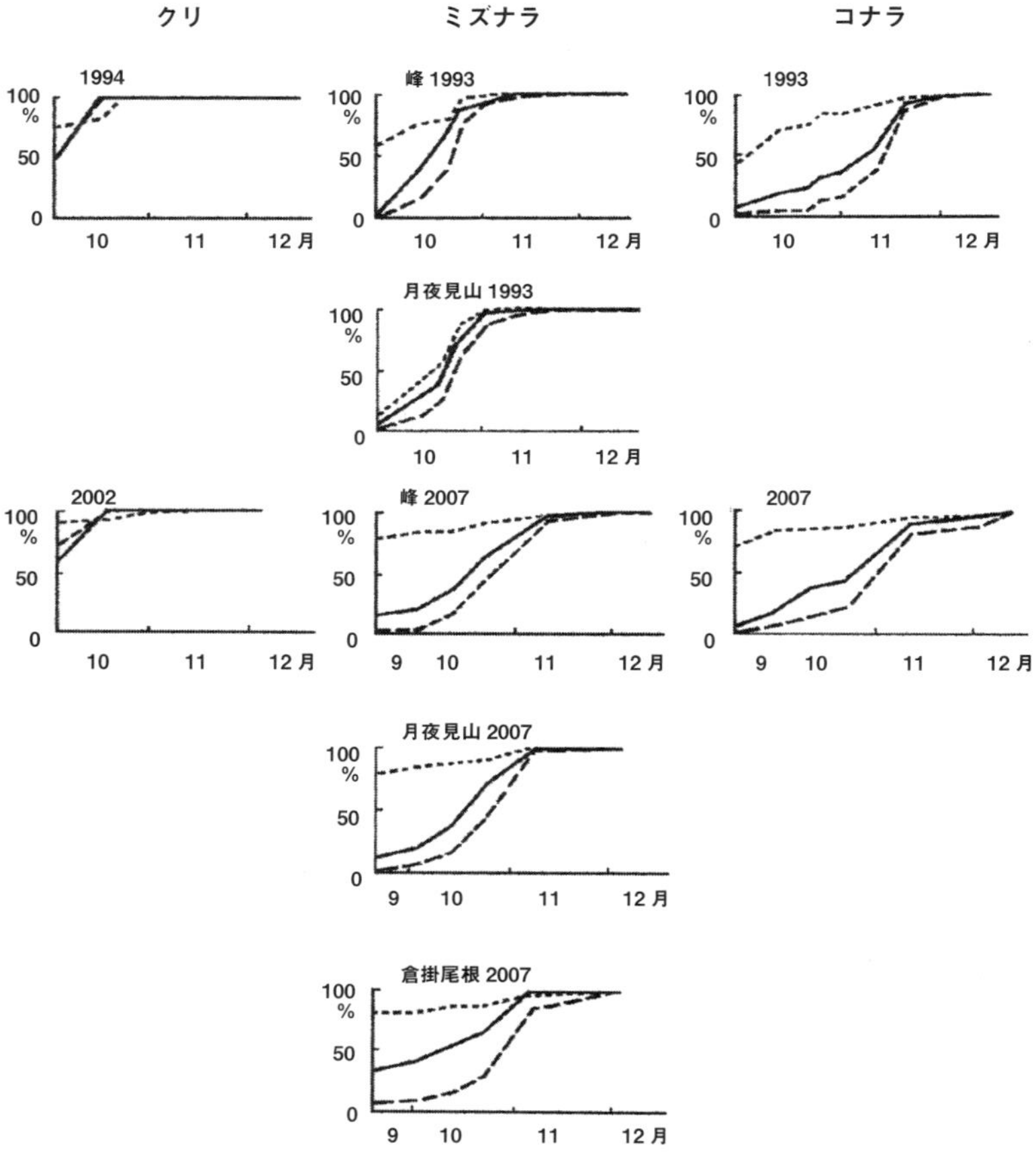

図３－４　ドングリの落下経過。実線がドングリ、点線は未発達のドングリ、破線は殻斗の落下を示す。未発達のものが先に落下、殻斗はドングリより後に落ちる。

また、動物が齧って破片になったものも落ちてくる。これは、どうやって数えようか。一人前のドングリに数えたほうがいいが、一個を二個に数えてはいけない。ドングリの先にある、突起（花のときのめしべの先）を、一個の目印にしよう。

数年分の記録が溜まってくると、ドングリの落下数が大きく変化するのが、やっと見えてくる。調査を始めてから六年たったとき、ミズナラに一年おきに多くなる傾向があるように見えた。コナラには、同じ場所に生えているにもかかわらず、そういう傾向がなく、不規則に変動しているように見えたので、それを当時勤務していた博物館で出している雑誌に書いてしまった。[※1]ところが、その後、ミズナラの一年おきのパターンは崩れ、一時的に不規則に見えるときが現れた。コナラの変動は相変わらず読めない。

落下パターン

一六〜一七年分の記録が溜まったところで、今までの記録をまとめてみる（図3−5）。コナラはずっと不規則で、一向に規則らしいパターンが見えない。

ミズナラは、一年おきに落下量が多くなる傾向があるようで、時々不規則に変動する。統計処理しても規則的なパターンはなく、一年おきの傾向も、統計的には有意ではない。

月夜見山のミズナラは、はじめコナラのような不規則な変化をしていて、後には一年おきにたくさん落とす傾向が現れた。さらに、少ないときでもほかの森よりはドングリが多い傾向があっ

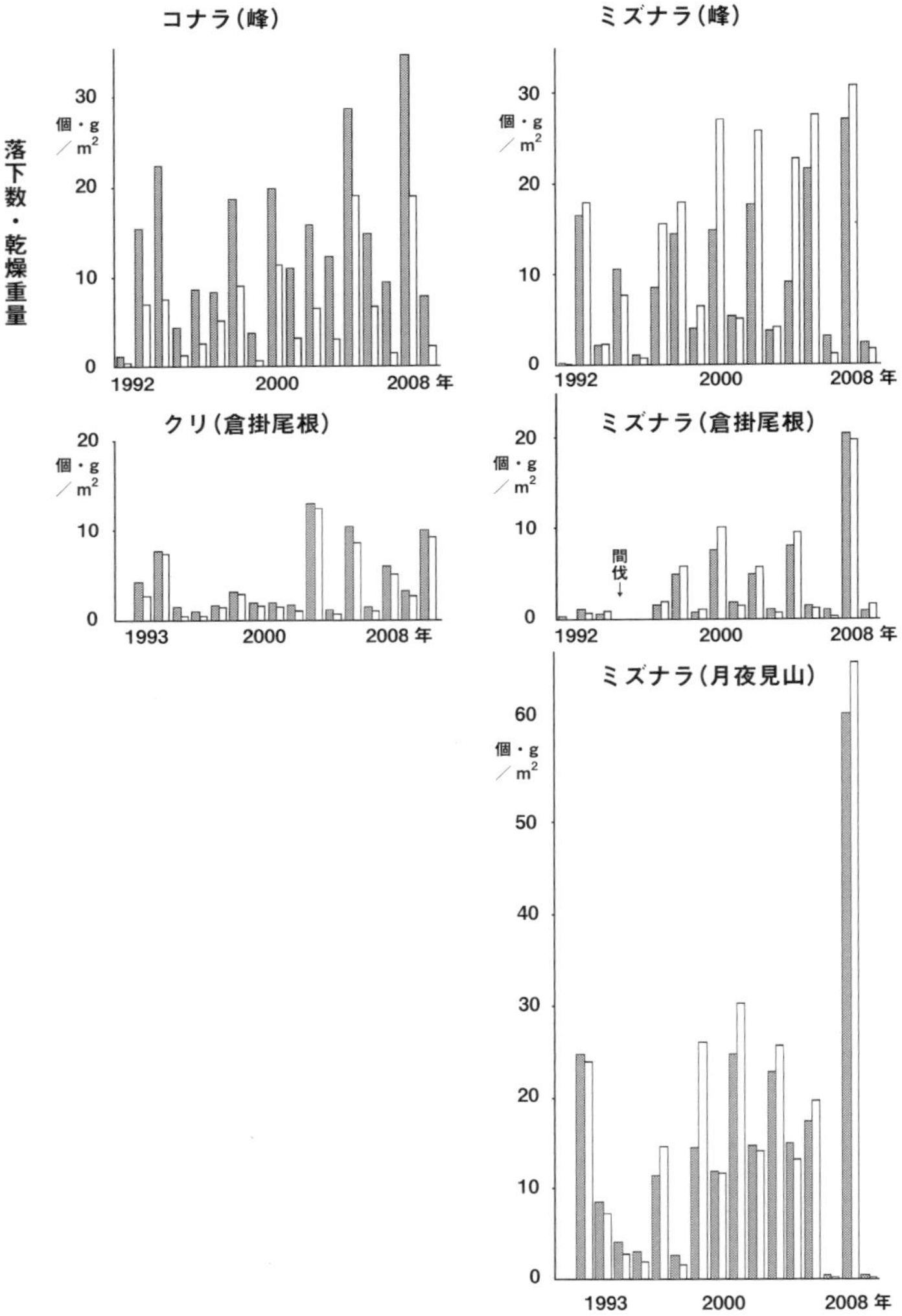

図３－５　ドングリの落下量の変動。左は個数、右は乾燥重量を表す。

たが、それも二〇〇六年、二〇〇八年には今までになかったほど少量しか落とさなかった。三種の中でクリの結実パターンは著しく違っていた。最初に豊作か？　と思われる年が二年続いた後、あまり果実が落ちてこない年が七年も続いた。野生のクリの結実量とは、この程度のものなのだろうか、コナラやミズナラに比べても、あまりに少ないと思っていると、突然二〇〇二年に大豊作になった。その後は一年おきのパターンも一時現れた。

ドングリの数の変動は、五〜六年の記録で、全体を見通せるほど単純なものではなかった。では、どれくらい記録を取れば見通せるのだろうか。それは、一七年分の記録が溜まった今でも、まだわからない。

離れた林のあいだでは、豊作、凶作は一致するだろうか。ミズナラの記録は三ヶ所ある。倉掛尾根と峰のミズナラは、豊作・凶作が同調しているように見えるし、倉掛尾根に近い月夜見山のミズナラは、ほかの場所と一致しているときもあるが、正反対のときもあって、独自の変化をしているように見える。ただ、二〇〇六年、二〇〇八年の不作と、二〇〇七年の豊作はすべての場所のミズナラと、コナラで一致した。

二〇〇〇年の豊作も大体一致しているが、このときは月夜見山のミズナラだけは、特別に多くはなかった。そしてクリは、この豊作に参加しないで、二〇〇二年に調査期間中で最大の豊作になった。そしてこのとき、ミズナラとコナラは、不作ではないが特別に多くはなかった。

気象の影響

こうした不規則に見える落下量の変動のパターンは、何によって、どのようにもたらされるのだろうか。気候変動と結びつける考えは古くからあったが、同じ地域の林のあいだで異なり、種によっても異なるのだから、気候変動の直接の影響とは考えにくい。樹木自身の結実リズムも、不完全だが見えているようだ。

試みに、近くの小河内の気象データ（気象庁ホームページ）を使って、その年と、前の年の月平均気温、月降水量、月日照時間と、ドングリの落下量とを照合してみたが、一貫した傾向は見つからない（図3－6）。

スギの花は、花芽ができる前年の夏が暑いと多いというが、ドングリは関係なさそうだ。ただ、六月の日照時間が多いときは、その秋のドングリの落下量が多いという、弱い傾向があるが、それもクリには当てはまらないし、峰のミズナラにも当てはまらない。

六月は梅雨時で、毎年日照時間はほかの月より少ないが、気温が高く、乾燥しにくいので、日照時間が多いと、そのぶん光合成ができて、ドングリもたくさんできそうだ。けれども、これだけでドングリの落下量を大きく左右するほどの影響はないようだ。

ドングリの落下量は、多い時と少ない時では、一〇〇倍以上の差がある。気象条件は大事だろうが、気象条件の違いだけでこれほどの差が生まれるとは、とても思えない。

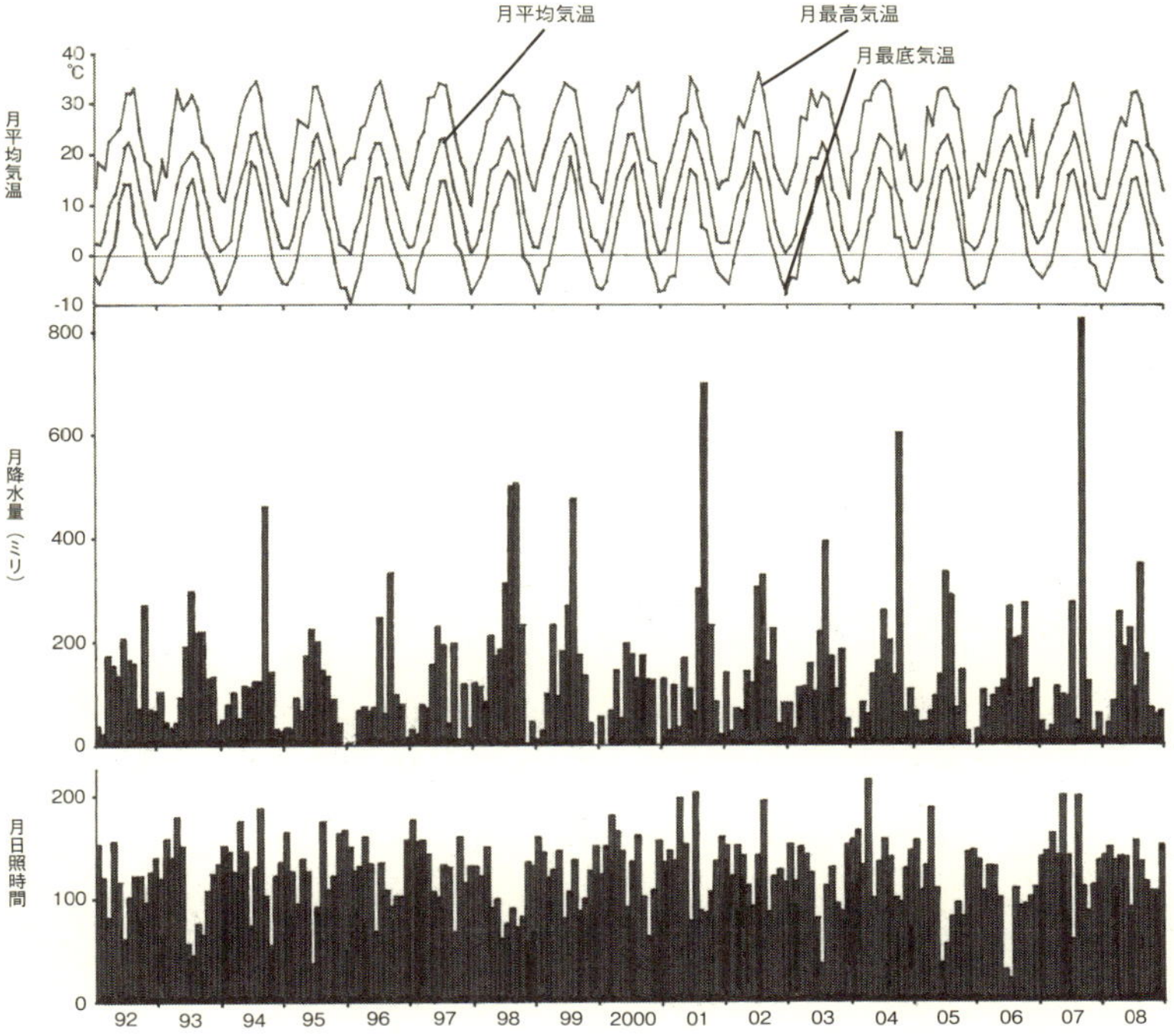

図３－６　小河内の月別気象データ。上から気温（最高、最低、平均気温）、降水量、日照時間（気象庁ホームページより）。

ドングリの重さが変わる

ドングリは、数を数えるだけでなく、乾燥させて重さを量った。動物にとっては、数より重さのほうが食物量としての意味があるからだ。そして、乾燥した重さは、母樹がドングリに費やした物質の量でもある。

重さは水分量に左右される。ドングリは重さの約半分が水だ。それに時間が経つと呼吸によってどんどん水分が抜けていくので、水を含んだ重さ、生重量は、だんだん減ってくる。それで、落ちてからどれくらい時間がたったかによって重さの減りかたも違う。これでは困るので乾燥して、水を抜いた重さを量るのだが、急に乾燥機で乾燥させると、割れるものが多いので、一ヶ月間以上部屋の中でゆっくり自然乾燥させて、それから乾燥期に入れて完全に乾燥させた上で、殻斗をはずして、ドングリ本体だけの重さを量った。

部屋で乾燥させているあいだには、中に入っていた虫が出てくる。糞はドングリの中に残っているが、出て行った虫の重量は失われる。だから乾燥重量はドングリ本体の、本当の値よりは少し軽いものも混じっている。一個一個量りながら、虫の出た穴を数えていると、大きさの割に軽いな、と思えるものもある。しかしこのことは、量的に評価できなかった。こんな問題も含みながら作ったのが、先のグラフの重さの部分だ（図3―5）。

コナラが数の割りに軽いのは、一個一個が小さいからで、ミズナラはドングリが大きいので、数が少なくても重い。数と重さを比べると、数が多い割に重さが軽い年があるのに気づく。

ドングリの重さも、年変動しているのだろうか？

そこで、場所別にドングリの重さの平均値を比べてみた。個々のドングリの重さは大きくばらつくが、平均値も、同じ場所でも変動している。ドングリは数だけでなく、その大きさも変わっていたのだ。

大まかには凶作のときは一つ一つのドングリが軽い。豊作のときは重いが、豊作でも軽いドングリをたくさん作っているときもある。これはどういうことだろうか（図３―７）。

枯死する母樹たち

あるとき、調査地の一つである峰のミズナラのうち、一本の萌芽幹にキノコが生えたのに気づいた。その幹は、冬が来る前に枯れてしまったが、別の萌芽幹が健康だったので、その個体は死ななかった。ただ樹冠面積は小さくなった。

峰の雑木林は、雑木林としては木が大きく、そのぶんドングリの落下量も多かった。ところが二〇〇〇年ごろからポツポツと立ち枯れが生じ、調査の対象になっている個体も一本枯死した。その後も枯死する個体があり、現在までに枯死した個体は三本になる。

別の調査地である倉掛尾根のクリ林も、今までに二本枯死している。ここも雑木林としては木が大きく、一見立派な森に見えていた。倒木が生じて、シードトラップが下敷きになる事件も起

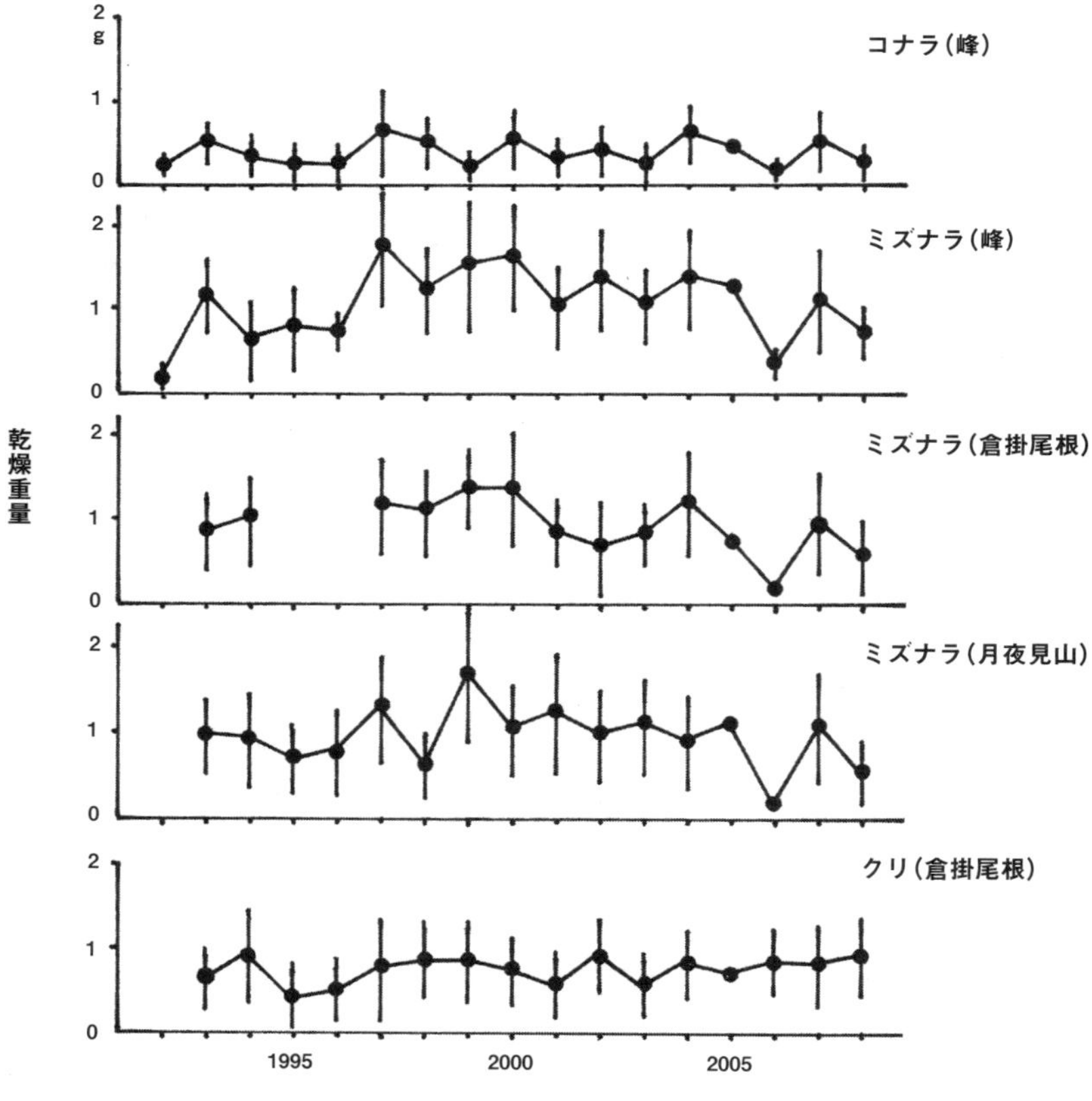

図３－７　ドングリの重さの年変動。丸が平均値、縦棒は標準偏差。

こった。倒れた木を動かすことは不可能で、トラップを救い出すことはできなかった。峰と同じくらい大きな木からなる月夜見山の森では、まだ枯れる個体は出ていない。けれども、いつかは枯れるものが出るだろう。

雑木林は、自然林と比べるまでもなく、まだ育ちきっていない生長途上の森だから、ふつうは樹木間の競争が表面に現れる前の状態にある。これは、雑木林から燃料の幹を収穫し続けるためには大事なことで、無駄に枯れる木はないほうがいい。

ところが、幹を使わなくなって、切らなくなると、樹木はお互いの競争が深刻になるまで大きくなる。この中で、弱って枯れる個体が出るのは、仕方がないことだろう。

間伐の影響

倉掛尾根のミズナラ林では、調査をはじめて三年目の冬に間伐された。これはまったく予想しなかったことで、せっかく三ヶ所のミズナラを比較するつもりでいたのに、ここだけ条件が変わってしまったことを残念に思った。しかし、このおかげで見えたことがあった。

倉掛尾根の間伐は、雑木林の萌芽再生の過程で行われる、「もやわけ」と呼ばれる作業で、ある程度育ったところで萌芽幹の一部を切って整理するためのものだ。だから、完全に切られた木はなかった。しかし、残った樹木はこの影響を大きく受けて、ミズナラはドングリを作ることを二年間、ほぼ完全に止めてしまった。こんなことは、切られなかったほかのミズナラや、コナラ、クリには見られない。

間伐が行われた後、ミズナラは空いた空間に枝を伸ばすのに専念していたのかもしれない。このことは、樹木の生長とドングリを作ることのあいだに、相反する関係があることを意味する。

雑木林は、十数年おきに全部切って、その数年後に間伐する作業を繰り返してきたから、その過程でのドングリ量がどう変化していたか、この記録が一つの情報になるだろう。忙しさにまぎれて、樹冠の変化を記録できなかったことを今も後悔している。

この後、倉掛尾根の森の樹冠は隙間なくふさがり、ドングリも作られはじめた。それ以上に元気なのは低木で、まもなくぎっしり茂って、森の中を移動するのも困難になってしまった。低木はその後も刈られることはなく、年々生長して枝を分け、ますます歩きにくくなっている。この森は、雑木林としてはもう使われないのかもしれない。

ドングリの落下量という数値の影には、その年の気象条件、ドングリの母樹が切られたり、生長したり、衰えたりといった母樹個体の状態、それに、作るドングリの数を変えることにかかわっているほかの事情も加わっているだろうと考えると、この数値を解釈するのは、一筋縄ではいかない。

実のなる年ならない年

ここまで「豊作」「凶作」という言葉を使ってきたが、果実の量が毎年大きく変わるとき、結実変動があると言い、特に多い年を大豊作、あとは量に応じて豊作、並作、不作、凶作などと言って呼び分けている。

それではどれくらいなら豊作なのかと言うと、はっきりした基準はない。あくまで相対的なものので、例えば奥多摩では、倉掛尾根のミズナラは、落下量がほかの森と比べて少ない。ここでは、一平方メートル当たり一〇個でも大豊作に見えるが、近くの月夜見山ではこの程度なら並作と言いたくなる。月夜見山で豊作と呼ぶ状況は、この倍以上の落下量になるのだ。

ナラやブナの実、つまりドングリを、「マスト mast」と呼ぶ。マストの出来が大きく変動することから、結実変動のことを「マスト シーディング mast seeding」あるいは「マスティング masting」と呼ぶ。ブナ科の果実、つまりドングリは、大きな結実変動をする代表なのだ。

結実変動のあり方はさまざまで、ブナはまったくドングリを作らない年があり、作るときは多量に作ることが知られている。このような作り方だと、結実変動はとても大きい印象になる。これに対して、結実変動の小さい、毎年だいたい一定の果実を作る樹木もあっていいはずだ。

奥多摩のミズナラも、コナラもクリも、できの悪い年でもシードトラップにはいくらかのドングリが落ちてきたから、全然ドングリができないということはない。ブナと違って、全然実らない年はない。

しかし、少ないときは、シードトラップがなければ、ドングリは落ちていないという印象を受けるほど少なく、多いときと少ないときの差が一〇〇倍以上になるのだから、変動は大きい。コナラも大きな変動をするが、それはミズナラと比べて大きいのか、小さいのか、クリはどうなのだろうか。

倉掛尾根のミズナラは、間伐作業があった後、次の秋はまったくドングリができなかった。これも、シードトラップに落ちてこなかっただけだから、ほんとうにゼロだったかどうかはわからない。しかし、間伐後の二回の秋は、ふつうの結実変動の枠を超えた極度の不作だった。これは、枝を伸ばし、葉を作ることと、ドングリを作ることを、母樹が天秤にかけて、枝を伸ばすほうを優先した結果だと考えられ、枝を伸ばす空いた空間が減ってきたころから、ドングリ作りを再開したのだろう。特殊事情が大きく働いたこの二年は例外と考えたほうがいい。

結実変動の大きさを比べるには

変動の大きさを表す、何らかの簡単な指標はないだろうか。平均的な結実量が少ない森と多い森を同時に比べられるような数値があれば、便利だ。

毎年の結実量から、平均値と標準偏差を計算して、標準偏差を平均値で割ると、平均的な結実量が多いか少ないかによらない、変動量だけを表す指標になる。この数値を変動係数（CV：

Coefficient of Variation）という。ほかにも変動量を表す数値を出す方法はいくつかあるが、変動係数は一番単純で便利なため、いろいろな人が使っている。

奥多摩のドングリで、数と重さを基にして変動係数を計算すると、表３―２のようになる。

変動係数は、倉掛尾根のミズナラで一番大きい値になっている。これは間伐の影響でほとんどドングリができなかった二年の影響が大きいのだろう。この二年を除いて計算すると、変動係数は小さくなったが、まだほかの場所より大きい。この森の特性なのだろうか。

倉掛尾根のミズナラを除くと、クリとミズナラが同じくらいで、コナラは少し小さい値になる。おもしろいのは、数ではなく、重さを元に計算すると、数で計算するより大きい値になるということだ。

特にコナラは数値が大きくなって、クリやミズナラとあまり変わらない値になる。母樹から見れば、ドングリ＝子供に使う資源の量は、三種とも同じくらい変動させていることになる。ただ、その変動のさせ方が違うだけだ。

さて、奥多摩のドングリの変動係数は、樹木全体の中では、大きい

表３－２　変動係数（年落下量の標準偏差／平均値）。

種名（地点）	落下数（個／㎡）の変動係数	落下重量（／㎡）の変動係数
コナラ（峰）	0.64	0.92
ミズナラ（峰）	0.80	0.86
ミズナラ（倉掛尾根）	1.28	1.29
ミズナラ（月夜見山）	0.94	0.98
クリ（倉掛尾根）	0.93	1.07

のか、小さいのか。
このことを知るには、今までにほかの人が得た記録を使って、ほかの種類の樹木と比べればよい。都合のいいことに、すでに結実変動の大きさを変動係数を使って比べた人がいた。Herrera さんたちは、世界中から一四四種二九六個体群もの記録を集めて比べている。※2

この結果をみると、変動係数は〇・二以下の小さいものから、二以上の大きなものまでいろいろあるのだが、個体群では一・〇、種では一・二くらいのものが一番多い。奥多摩のドングリは一くらいかそれより小さい値になるから、樹木全体の中では、特に大きいほうではないことがわかる。

奥多摩のドングリは特殊なのだろうか、それともドングリはこういうものなのだろうか。結実変動を表す言葉「マスト」がドングリに由来することを考えると、変動係数がドングリよりも大きな樹木のほうが多いことになり、これは意外な結果だった（注：個体群は同じ種に属する個体の集まりをさす。空間的に近いところにあって相互に影響し合っていると考えられる）（図３－８）。

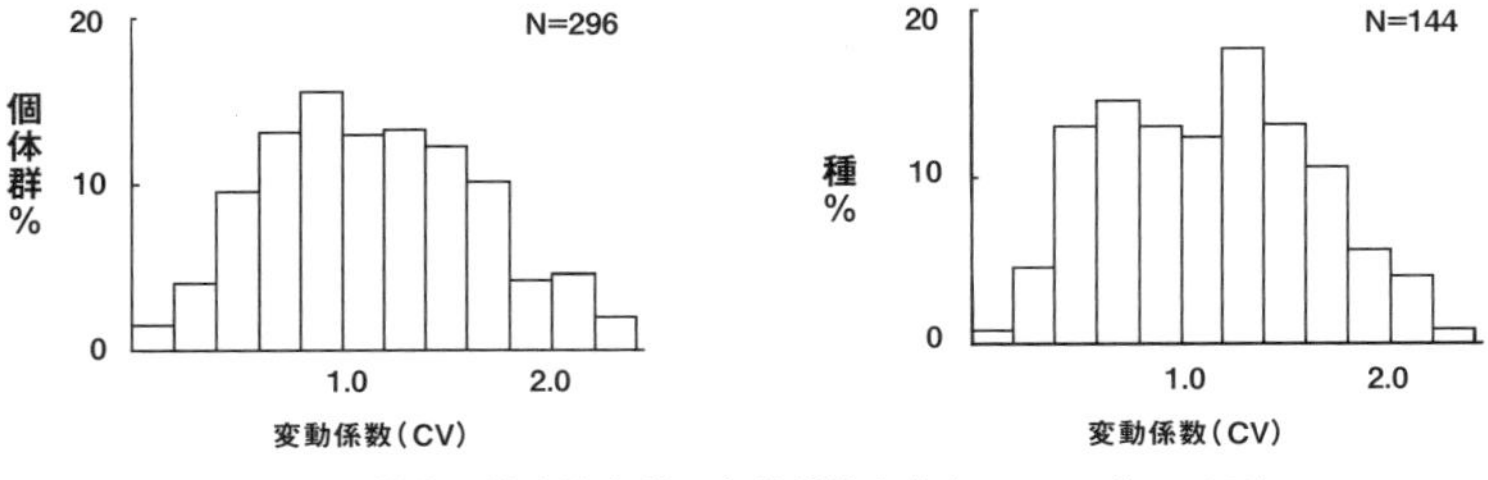

図３－８　樹木の結実量変動の変動係数分布（Herrera 他、1998）。

木と木は同調しているか

森全体の結実量が変化しているということは、木という個体と個体が同調して結実量を多くしたり、減らしたりしていることを示している。そうでないと、たとえ個々の樹木が結実量を大きく変えていても、各自バラバラに変えていたのでは、森全体では均されてしまい、変動は小さくなるはずだからだ。

そこで、個体間で同調しているかどうかを知るために、個体別に落下量のグラフを作ってみた（図3－9）。

まず気づくのは、一年おきの結実リズムを持った個体が多いということだ。一貫してドングリの数が少ない個体でも、一年おきのリズムを持っている。ミズナラだけでなく、クリもそうだ。そして、一年おきにドングリの数を増減させながら、時々不規則な変動をする。

前の年の落下量と比べると、前年多ければ今年は少なく、前年少なければ今年は多いという傾向のはっきりしている個体が多い（全部ではない）。変動係数を個体別に計算すると、全体の値より大きくなるのも、個体の作りだす変動が大きいことを示している。ところが、これを足し合わせて全体の数の変動にすると、一年おきの結実のリズムが、ぼんやりしてしまう。

そこで結実変動のパターンを個体間で比較して、「同じような変動」をするものを拾い出してみる。

コナラでは、七本のうち六本がほぼ同調しているから、コナラ集団の不規則な結実変動は、個

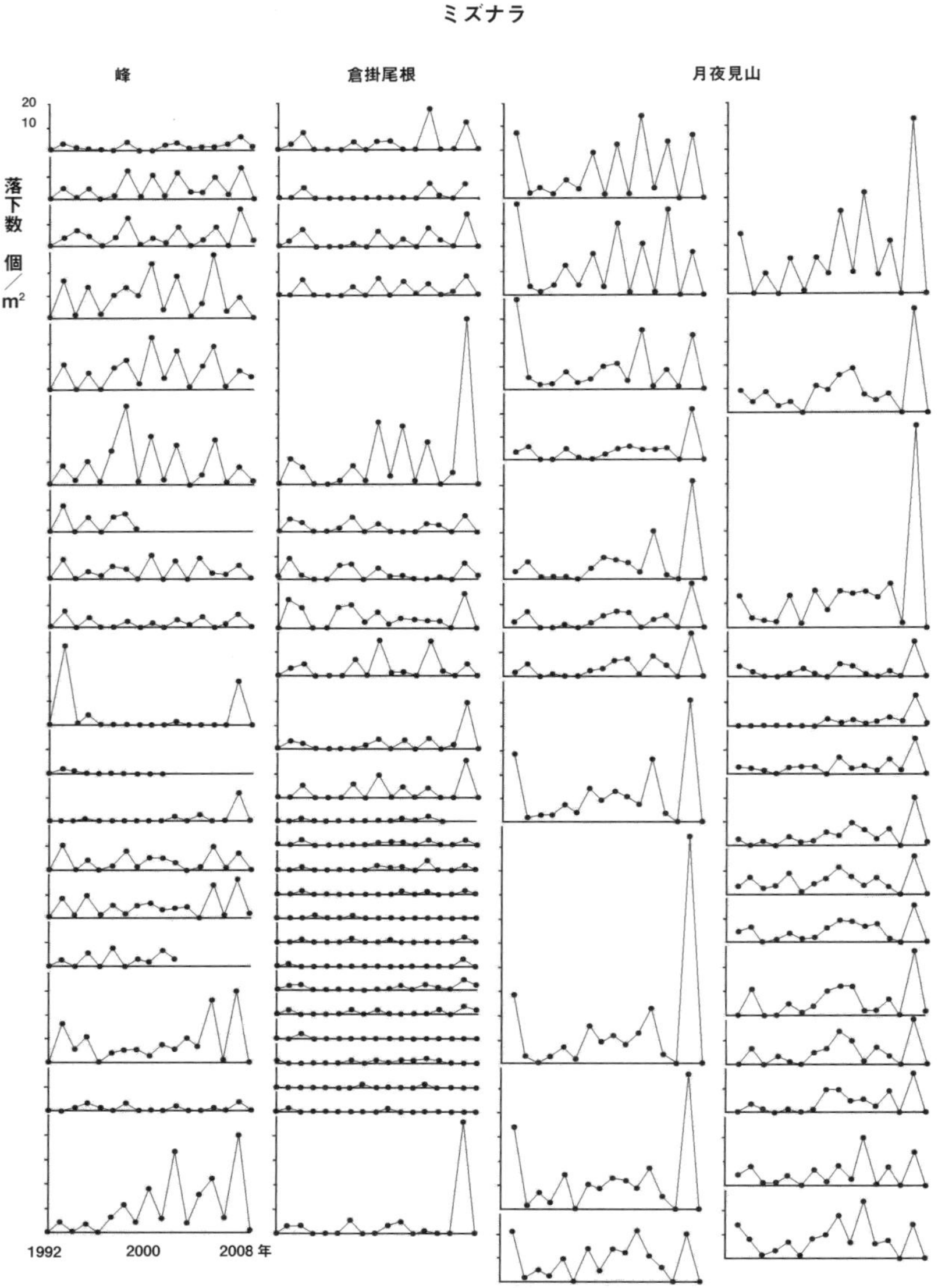
ミズナラ
峰
倉掛尾根
月夜見山
20
10
落下数 個/m²
1992
2000
2008 年
1993
2000
2008 年

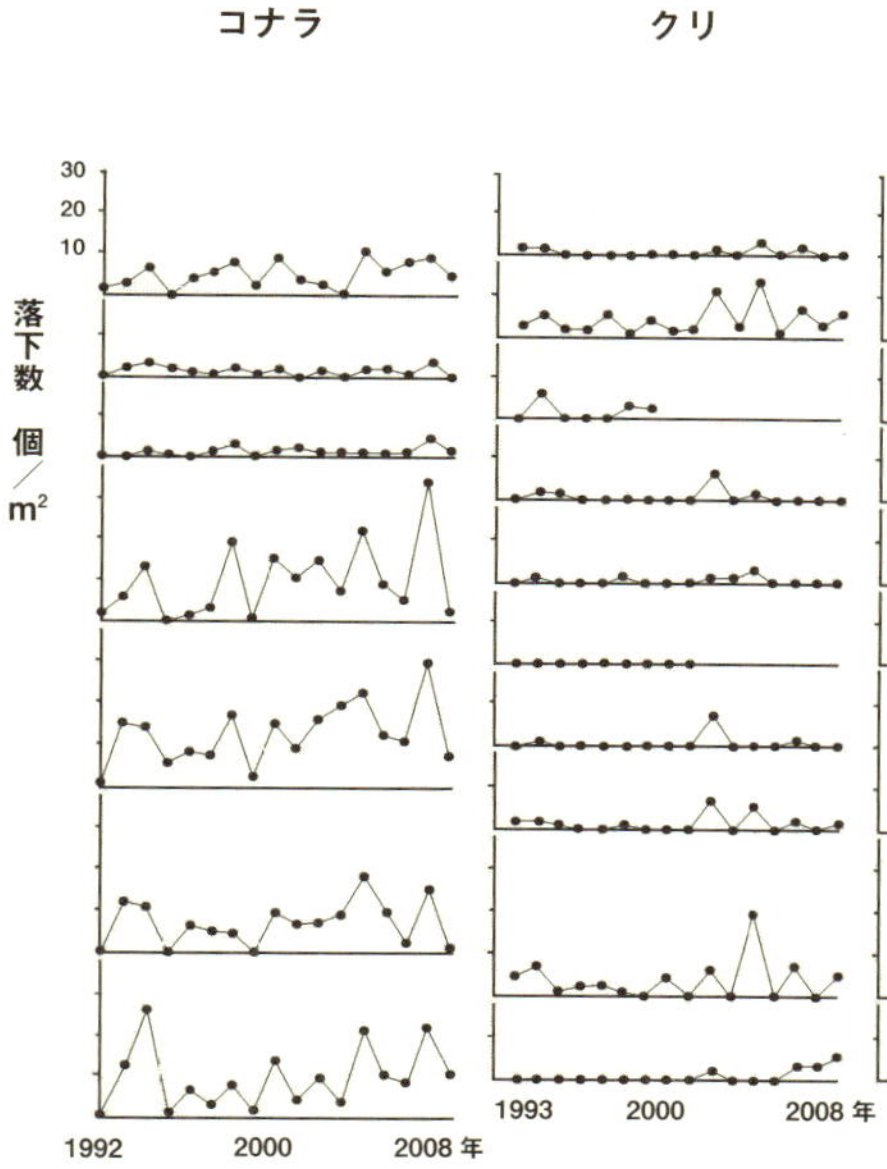

図３－９　個体のドングリ落下数変動。

表3－3　個体間の相関。「☆」は0.1レベル、「☆☆」は0.05レベルで有意な相関がある。

1 コナラ（峰）

No.	1					
6	☆	6				
12	☆☆	☆	12			
14	☆☆	☆☆	☆☆	14		
18	☆☆	☆☆	☆	☆☆	18	
19	☆☆	☆☆		☆☆	☆☆	19
22	☆☆	☆☆		☆☆	☆☆	☆☆

2 ミズナラ（峰）

No.	2													
3	☆☆	3												
4	☆☆	☆☆	4											
5		☆☆		5										
7		☆☆	☆	☆☆	7									
8		☆☆	☆	☆☆	☆☆	8								
10		☆		☆☆	☆☆	☆	10							
11	☆☆	☆					☆☆	11						
13	☆							☆☆	13					
16	☆☆	☆	☆☆					☆		16				
17	☆	☆☆	☆☆	☆☆	☆☆	☆☆		☆☆	☆☆		17			
20	☆	☆	☆☆	☆				☆	☆	☆	☆☆	20		
23	☆☆	☆	☆☆					☆	☆	☆☆	☆☆	☆☆	23	
24	☆☆	☆☆	☆☆			☆		☆		☆☆		☆	☆	24
25	☆☆	☆☆	☆☆	☆	☆☆		☆			☆☆	☆	☆☆	☆☆	☆

3 ミズナラ（倉掛尾根）

No.	1																						
2	☆☆	2																					
3	☆☆	☆☆	3																				
4	☆☆	☆☆	☆☆	4																			
5	☆☆	☆☆	☆☆	☆☆	5																		
6	☆☆	☆☆	☆☆	☆☆	☆☆	6																	
7					☆	☆☆	7																
8			☆	☆☆	☆☆	☆☆	☆☆	8															
9	☆☆	☆	☆☆	☆☆		☆			9														
10	☆☆	☆☆	☆☆	☆☆	☆☆	☆☆		☆☆		10													
11	☆☆	☆☆	☆☆	☆☆	☆☆	☆☆		☆☆	☆☆	☆☆	11												
13	☆☆	☆☆	☆☆	☆☆	☆	☆			☆☆	☆	☆	13											
14	☆☆	☆☆	☆☆	☆☆	☆				☆☆	☆	☆	☆☆	14										
15	☆☆	☆☆	☆☆	☆☆	☆☆	☆				☆☆	☆☆	☆☆	☆☆	15									
16							☆								16								
17	☆	☆☆	☆☆	☆☆	☆☆	☆☆		☆☆		☆☆	☆☆			☆☆		17							
18	☆	☆	☆☆	☆☆	☆☆	☆		☆☆		☆☆	☆☆			☆☆		☆☆	18						
19	☆☆	☆☆	☆☆	☆☆	☆☆	☆☆		☆☆		☆☆	☆☆	☆☆	☆	☆☆		☆☆	☆☆	19					
20			☆☆	☆☆	☆☆	☆☆	☆☆	☆☆		☆☆	☆☆			☆		☆☆	☆☆	☆☆	20				
21																				21			
22	☆								☆☆				☆☆								22		
23																						23	
24																							24
25	☆	☆	☆☆	☆☆	☆☆	☆☆	☆	☆☆		☆☆	☆☆			☆☆		☆☆	☆☆	☆☆	☆☆				

4 ミズナラ（月夜見山）

No.	1																							
2	☆☆	2																						
3	☆☆	☆☆	3																					
4				4																				
5				☆☆	5																			
6				☆☆	☆☆	6																		
7				☆☆	☆☆	☆☆	7																	
8			☆	☆☆	☆☆	☆☆	☆☆	8																
9			☆	☆☆	☆☆	☆☆	☆☆	☆☆	☆☆															
10	☆		☆☆	☆☆	☆☆	☆☆	☆☆	☆☆	☆☆	10														
11	☆☆	☆☆	☆☆	☆				☆☆	☆☆	☆☆	11													
12	☆☆	☆☆	☆☆	☆☆	☆☆	☆☆	☆☆	☆☆	☆☆	☆☆	☆☆	12												
13				☆☆	☆☆	☆☆	☆☆	☆☆	☆☆	☆☆	☆	☆☆	13											
14	☆			☆☆	☆☆	☆☆	☆☆	☆☆	☆☆	☆☆	☆	☆☆	☆☆	14										
15			☆	☆☆	☆☆	☆☆	☆☆	☆☆	☆☆	☆☆	☆	☆☆	☆☆	☆	15									
16				☆☆	☆☆	☆☆	☆☆	☆☆	☆☆	☆☆		☆☆	☆☆	☆☆	☆☆	16								
17	☆	☆		☆☆	☆☆	☆☆	☆☆	☆☆	☆☆	☆☆	☆	☆☆	☆☆	☆☆	☆☆	☆☆	17							
18				☆☆	☆☆	☆☆	☆☆	☆☆	☆☆	☆☆	☆☆	☆☆	☆☆	☆☆	☆☆	☆☆	☆☆	18						
19				☆☆	☆☆	☆☆	☆☆	☆☆	☆☆	☆☆	☆	☆☆	☆☆	☆☆	☆☆	☆☆	☆☆	☆☆	19					
20				☆☆	☆☆	☆☆	☆☆	☆☆	☆☆	☆☆	☆☆	☆☆	☆☆	☆☆	☆☆	☆☆	☆☆	☆☆	☆☆	20				
21				☆☆	☆☆	☆☆	☆☆	☆☆	☆☆	☆☆		☆☆	☆☆	☆☆	☆☆	☆☆	☆☆	☆☆	☆☆	☆☆	21			
22				☆☆	☆☆	☆☆	☆☆	☆☆	☆☆	☆		☆	☆☆	☆☆	☆☆	☆☆	☆☆	☆☆	☆☆	☆☆	☆☆	22		
23				☆☆	☆☆	☆☆	☆☆	☆	☆☆	☆		☆☆	☆☆	☆☆	☆☆	☆☆	☆☆	☆☆	☆☆	☆☆	☆☆	☆☆	23	
24	☆☆	☆	☆	☆							☆☆	☆☆		☆			☆	☆		☆			☆	24
25	☆☆	☆☆	☆☆								☆☆	☆☆					☆		☆	☆☆			☆	☆☆

5 クリ（倉掛尾根）

No.	1																					
2	☆☆	2																				
4		☆	4																			
5	☆	☆☆		5																		
7		☆	☆☆		7																	
8	☆	☆☆	☆☆	☆☆	☆☆	8																
9	☆☆	☆☆		☆☆		☆☆	9															
10								10														
11		☆☆	☆☆		☆☆	☆☆			11													
12			☆☆		☆☆	☆☆		☆	☆☆	12												
13			☆☆		☆☆				☆☆	☆☆	13											
14			☆								☆☆	14										
15													15									
16	☆	☆☆	☆☆	☆☆	☆☆	☆☆	☆☆		☆☆	☆	☆	☆☆		16								
17	☆☆	☆☆	☆☆	☆	☆☆	☆☆	☆☆		☆☆	☆	☆	☆☆			17							
18	☆☆	☆☆		☆☆		☆	☆☆							☆		18						
19												☆☆					19					
20	☆		☆									☆☆		☆	☆☆		☆☆	20				
21			☆☆		☆☆	☆☆			☆	☆	☆	☆☆		☆	☆☆			☆☆	21			
22	☆	☆		☆☆		☆	☆☆									☆☆				22		
23	☆☆	☆☆	☆	☆☆		☆☆	☆☆		☆					☆	☆☆	☆☆		☆	☆	☆	23	
24	☆☆	☆☆	☆☆	☆	☆☆	☆☆	☆☆		☆☆	☆				☆☆	☆☆	☆			☆	☆	☆☆	24
25		☆				☆															☆	25

体間で一致して作り出しているようだ。それでも、七本のうちの一本は、ほかの木とは少し外れる傾向がある(表3－3)。

調査地の一つ、峰ではコナラとミズナラの二種の記録をとっているから、コナラと同じ場所に生えているもう一つの種のミズナラで同じ分析をしてみる。途中で枯れた個体を除いて、どの木にも同調して結実変動をしている相手が五本以上あった。とはいえ、一七本中で五本というのは少ない。

別の場所、倉掛尾根のミズナラでは、ほかのどの個体とも同調しない個体が三本あったが、ほかの木には、複数の同調相手があった。さらに別の場所、月夜見山に目を向けると、同調する相手の少ない個体が五本あったほかは、だいたい同調していた。

クリの豊作は、二〇〇二年が一番大きかった。確かにこの年には多くの木がクリの実をたくさん落としている。しかし、二〇〇二年にはあまり落とさないで、二〇〇四年にたくさん落とした木も、少数だがあった。

豊作年には、たしかにドングリをたくさん作る個体が多い。けれども、そんな中でもドングリをあまり作らない個体があって、ほかの個体が少ししかドングリを作らないときに、やや多めにドングリを作る個体もある。こういうへそ曲がり個体の数は少ないが、どの森にもいる。さらに、一貫して少ししかドングリを落とさない個体も、少しいる。

ドングリの結実変動を作りだす元になるはずの個体間の同調は、予想よりもはるかにゆるいものだった。これでは、個体の結実リズムが割にはっきりしていても、全体ではぼんやりしてしまうのは仕方がない。

個体別にシードトラップをかけて、ドングリの落下量を調べた人は、ほかにいないわけではない。アメリカには、五種七六五個体にシードトラップをかけた人がいる。[※3] これはすごい数で、回収と仕分けの労力を考えただけでめまいがしそうになる。わずか五年間の記録だが、全部の個体が一致してドングリを作るのではなく、毎年ドングリを作る個体と、五年間まったくドングリを作らない個体が混在している。

森全体の豊作は、たくさん作る個体が多いと起こるという、やはりとてもゆるいものだった。同調しない個体がいるから、集団全体では変動の大きさは、どうしても小さくなる。

なぜ同調する個体と、しない個体がいるのだろうか。毎年落とすドングリの数が少ない個体は、森の中で弱い立場にある個体かもしれない。枯れた個体は、ドングリの落下量が一貫して少ない傾向があった。へそ曲がりの木は、近くのへそ曲がりではない木とは、置かれている立場が違っているのだろうか？　それとも、その個体にもともと備わった個性なのだろうか。

ただ、森全体での豊凶が弱くなっても起こるということは、へそ曲がりはあくまで少数派だということだろう。多様な個性を含みながらも、集団全体では、そこそこ大きな結実変動を起こしていることになる。

同調の広がり

では、同調した結実変動を起こす広がりはどの程度なのだろうか？（表３－４）

奥多摩で調査をした三ヶ所のミズナラの落下量を比べると、数で比べたときには、間伐でドングリ生産が乱れた倉掛尾根も含めて、全部が同調していると言える。しかし、重さで比べると、距離が遠い倉掛尾根と峰が同調しているのに、距離が近い倉掛尾根と月夜見山は、同調しているとは言えない。

もともと月夜見山のミズナラは、ほかの所のミズナラと少し違った動きをしているように見えたので、数で比べたときの、同調しているといっても良い、という結果のほうが意外に感じた。

これで奥多摩全域で同調しているという印象が、一部裏付けられたことになる。それでも、月夜見山のミズナラは、ほかのミズナラに対して、少しひねくれたふるまいをしていたのだった。

奥多摩全体でだいたい同調してドングリを作っているとい

表３－４　ドングリ落下量変動の地点間及び種間の相関。

ミズナラの地点間の比較

	峰	倉掛尾根	月夜見山
峰		重さ　0.653 **	重さ　0.433 NS
倉掛尾根	数　0.677 **		重さ　0.615 **
月夜見山	数　0.599 **	数　0.775 **	

峰のコナラとミズナラの比較

落下数	0.600 **
落下重量	0.637 **

「NS」は相関なし
「☆☆」は 0.05 レベルで相関する

う印象は、調査結果から裏付けられたようだ。それでも、月夜見山のように同調していない「部分」を含む可能性が残された。

種間同調

同じ森の似た種のあいだでは、結実変動は同調しているだろうか？

コナラとミズナラの記録のある峰の調査地で比べてみると、同調していると言っていい結果になった（表3－4）。

とはいえ、ドングリの落下量は、二〇〇〇年以降は確かに豊凶が大まかには一致して見えるが、二〇〇〇年以前はそうではない（図3－5）。結実変動の相関は弱いもので、その程度は地点間のミズナラ同士の同調よりもゆるい。

トラップから回収したミズナラのドングリ、すでに
根を出したものがある。

落葉後のミズナラ林では、ドングリはなくなり殻斗だけが目立つ。

4章　ドングリをめぐる動物たち

動物に狙われるドングリ

森の中には、餌として魅力的なドングリを食べる動物はたくさんいる。ドングリのシードトラップを回りながら見える動物たちの痕跡は、そのごく一部でしかないが、動物たちがそれぞれのやり方でドングリを食べているようすが垣間見える。

動物たちはドングリが木の上にあるうちから食べ始める。この頃にドングリを食べるためには木の上に登らなければならない。また、ドングリはまだしっかり枝についていて取りにくいので、そのドングリをもぎ取るには力もいる。樹上のドングリを食べるのは、小さい動物にはなかなか大変なことなのだ。

ドングリは、成熟すると、殻斗とドングリ本体のあいだに離層という切り離し構造ができて、弱い風でも落ちるし、風がなくても落ちる。こうなると、樹上のドングリも取りやすくなる。落ちたドングリは、木に登れない動物にもどんどん食べられる。

では、どんな動物が、ドングリをいつ、どのように、どれくらい食べているのか、動物の生活もあわせて考えながら見ていこう。

樹上の昆虫

八月末、樹上でドングリが一人前の大きさになってくる頃、昆虫たちがドングリを食べ始める。

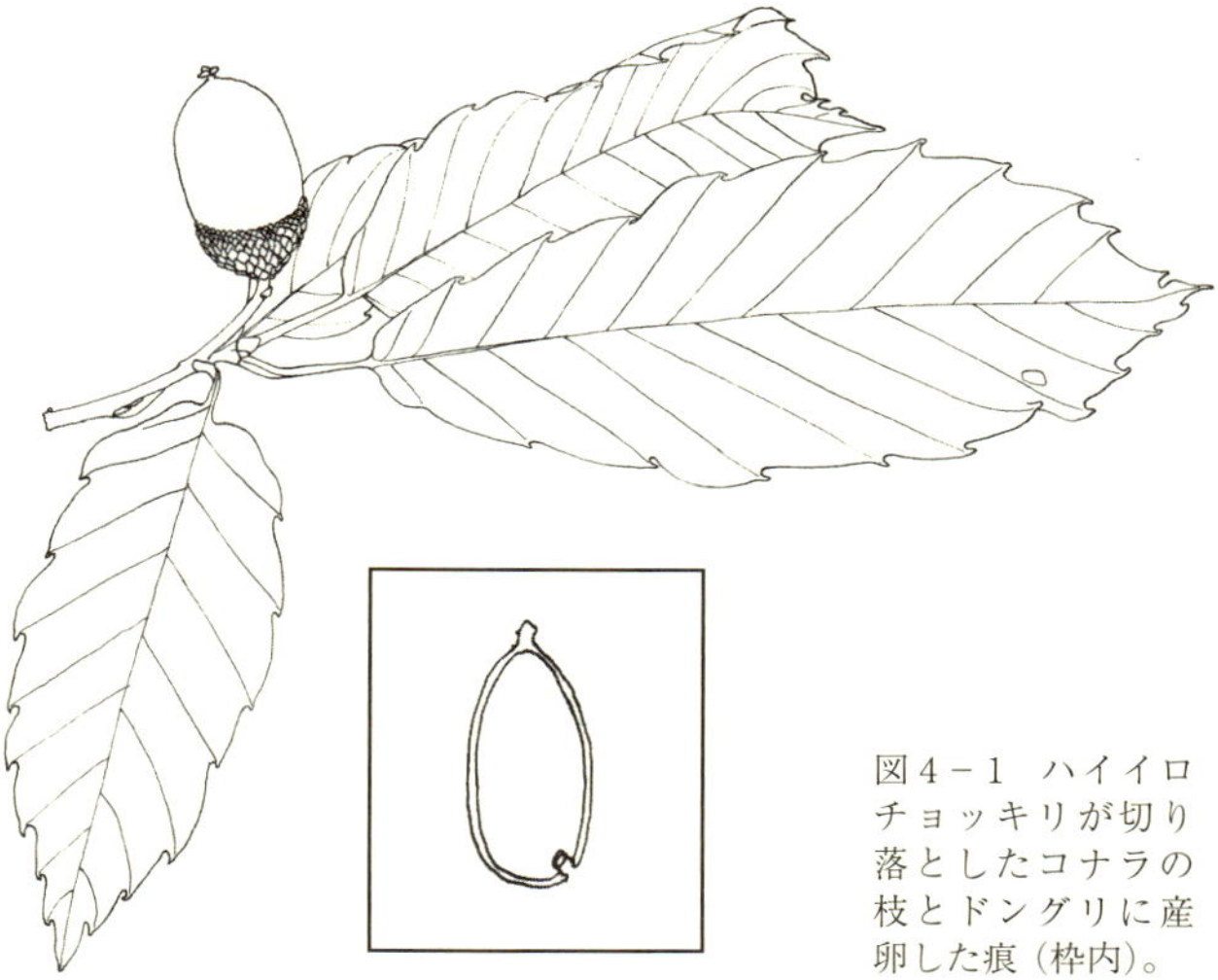

図4－1　ハイイロチョッキリが切り落としたコナラの枝とドングリに産卵した痕（枠内）。

〈ハイイロチョッキリ〉

ハイイロチョッキリは、甲虫のオトシブミの仲間で、早くから殻斗の縁近くに穴をあけ、卵を産んだら枝ごと切り落とす。ハイイロチョッキリは、ドングリの果皮がまだ軟らかい場所を選んで穴をあけている（図4－1）。

コナラでは、ドングリが成熟して落下する直前まで産卵・切り落としをしているが、ミズナラでは、ドングリが大きくなる頃にはもう産卵・切り落としをやめていることが多い。どうやらハイイロチョッキリには、産卵するための「適正な大きさ」があるらしいのだ。

ドングリと葉っぱの付いた枝が落ちていたら、枝の切り口を見てほしい。細かい鋸で切ったような、きれいな切り口になっているから、風で折れた枝とは区別がつく。ハイイロチョッキリの仕業なら、殻斗の縁の近い場所に、産卵した傷跡があるはずだ（図4―1）。

〈コナラシギゾウムシ〉

コナラシギゾウムシは、落下間近の樹上のドングリに産卵する。細長い口吻で、ハイイロチョッキリと同じように殻斗の縁近くに穴をあけて卵を産むが、ドングリが大きいときは、卵を何個か産む。

ハイイロチョッキリと違う点は、ドングリを切り落とさないところ。産卵後間もなくドングリは落ちて、ドングリの中では孵化した幼虫がトンネルを掘るように中の実を食べて成長している。この虫はドングリに入って中身を食べる虫の中では、一番数が多い（図4―2、4―3）。

ほかにキクイムシの仲間や、蛾の仲間も入る。クリにはクリシギゾウムシが、同じようにして産卵する。

これらの昆虫たちはドングリを十分食べて終令幼虫になると、ドングリの硬い果皮に穴をあけて脱出し、それぞれ好みの場所で前蛹になる。間もなく冬になり、前蛹または蛹で冬を越す。

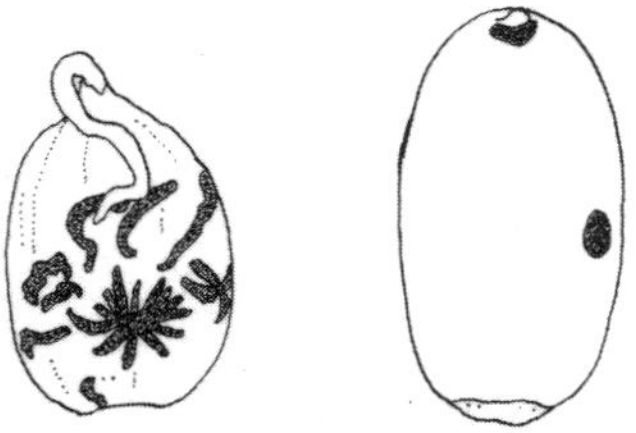

図4－2　コナラシギゾウムシの産卵痕（左：果皮、種皮を剥いたところ）。大きいドングリには、複数の卵を産む。すでに孵化した幼虫がドングリを食べている。右は終齢幼虫が脱出した痕。

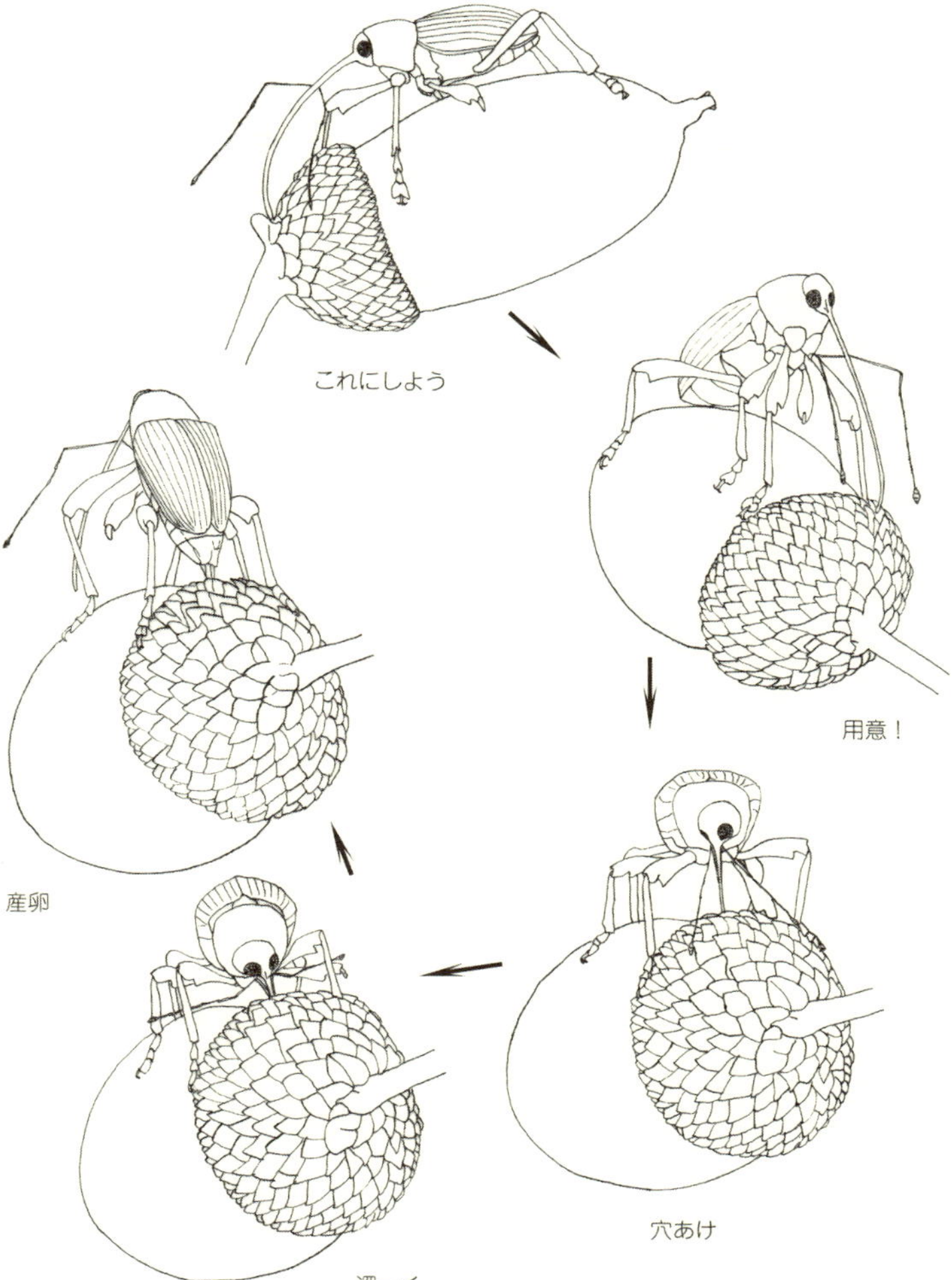

図4－3　コナラシギゾウムシの産卵。ドングリはコナラ。

樹上の哺乳類と鳥

〈ツキノワグマ〉

ドングリが大きくなってくると、ツキノワグマは木に登って、枝を折り曲げて枝先のドングリを食べ、その枝を敷いて次の枝を引き寄せる。クマがドングリを食べた跡は、折り曲げられた枝がかたまって、葉も付いたまま枯れるから、雑な鳥の巣のようになって、木々が落葉した後にはよく目立つ。

これをクマ棚（図4－5）といって、一本の木にいくつもできることがある。地面にも折れた枝がたくさん落ちている。

クマは随分乱暴な食べ方をする。木にとっては迷惑だろう。しかも、たくさんの枝を折れば、次の秋にはドングリが少なくなってしまうのではないか。木の幹には、クマが登っ

図4－4　クリの木につけられたクマの爪痕。下りるときにつきやすい。

図4－5　クリの木にできたクマ棚。作られたときは、まだ葉がついていた。

た爪痕が残される（図4－4）。

ツキノワグマにとって、この時期どれだけたくさん食べられるかは、続く冬ごもりの期間を乗り切るために大事なことだ。

特にメスは、冬ごもりのあいだに出産して、授乳して子育てをするから、その分の栄養も、自分の体に貯めておかなければならない。十分食べられず、皮下脂肪が貯まっていないと、メスは子供を産めない。

この頃には食べたい衝動が強くなっているらしく、ドングリがないと、いつもは行かないところにまで行って食べ物を探すから、目撃情報も多くなり、人とのあいだにトラブルも起こりやすくなる。

〈ニホンザル・ニホンリス・ムササビ・ヒメネズミ・カケス〉

ニホンザルも木に登ってドングリを食べる。硬い果皮は歯を使って剥いて、中身だけ食べるので、地上には壊れた果皮が落ちてくる。ニホンリスも中身だけ食べるが、落ちた果皮には細い歯の痕が残される。夜には、ムササビやヒメネズミがドングリを食べているはずだ。

クリの殻斗（イガ）は、クリが成熟するまでは果実全体を被い、鋭い棘で武装しているが、それでも樹上でかじられたイガや果実が、少ないながら落ちてくる。別の場所では、クリの木にクマが登って、かじった殻斗が多量に落ちていたこともあった。

クマだって、棘が痛くないはずはない。夏の終わりの、ドングリがまだ成熟しない頃は、クマにもサルにも良い餌が少ない。そのため、まだ未熟でおいしくない果実や、棘で武装した果実にも、無理やり手を出すらしい。

ドングリが落ちる直前から、森にはカケスが集まってくる。早朝から夕方まで、「ジェーイ」「ジャー」「キャン」「キュルル、キュー」という声が森のあちこちから聞こえ、ふわふわとした飛び方で木々のあいだを移動する姿も見られる。ドングリに夢中になって、油断してタカに捕食されたのか、一羽分の羽がかたまって落ちていたことがあった。

地上の動物たち

成熟したドングリが落ち始めるのは九月末、ピークは一〇月初旬から中旬までの、比較的短い期間で、二週間くらいのあいだに一斉に落ちる。コナラのドングリはミズナラよりも、少し、ほんの数日だが、落ちるのが遅い。

クリの実が落ちるのは、コナラやミズナラよりも一週間早く、ミズナラの落下がピークになる一〇月初めまでには、だいたい落ち切ってしまう。

クリが成熟すると、殻斗が割れて、果実だけが落ちる。落ちた果実は濃い褐色で森の中では目立ち、渋もなく、生でも甘く、「さあ、食べてください」とでも言うように、無防備に転がっている。野生動物ばかりか、人をも引き付け、人もクリ拾いに夢中になる。

〈ツキノワグマ〉

ドングリが落ちると、食べる動物は一気に増える。木に登って食べていた動物も、ムササビ以外は地上で食べ始めるから、ドングリをめぐる動物のライバル関係は、より激しくなり、たくさん落ちているように見えても、並作くらいだと、ドングリはまもなく林床から消えてしまう。

ツキノワグマは、この時期になると落ちたドングリを拾って食べる。クマはお腹いっぱいになるまで同じものを食べ続ける性格のようで、ドングリが実る頃の糞には、同じ種類のドングリばかりが多量に入っている。

あるとき、奥多摩の自然林でイヌブナが実った年、ある日の糞にはミズナラだけ、翌日の糞にはイヌブナだけが入っていた。ほんの一〇メートル歩けば両方食べられるのに、クマはそうしなかったのだ。ドングリは、落ちたときには、大半が母樹の周りにかたまっているから、あまり動かなくてもたくさん食べられるのは、クマにとってはとても楽なことだろう。

ミズナラを食べた糞は、新鮮なうちは淡褐色で、ドングリの中身をすりつぶしてゆるく固めたような外見をしている。これで十分消化しているのか、心配になるほどきれいな糞で、あまり臭くもない。果皮は、食べるときに吐き出すことも多いようで、糞には入っていないことがある。奥多摩の調査地とは別の、日原谷の奥の森で、果皮の入っている少し古い糞と、果皮の入っていない新しい糞が、すぐ近くに落ちていたことがあった。二つの糞は、食べ方の違う二頭のクマのものか、それとも同じクマが、最初は果皮ごと、のちには食べ方を変えて果皮を吐き出すようになったのかもしれない。糞の大きさは、ほぼ同じだった。

それにしても、一ヶ月以上も大きな糞が全部ドングリばかりということは、そのあいだ食べ続けたのだから、ドングリの〝被害〟は相当なものになるのではないだろうか。

〈ニホンジカ・イノシシ・ニホンリス〉

ドングリが落ちると、ツキノワグマもニホンザルも、地上でドングリを拾うようになり、それにニホンジカとイノシシが、新たにドングリを食べる輪に加わってくる。

ニホンジカは草木の葉っぱを食べるが、ドングリがあるときはドングリのほうを好むようだ。確かに、秋に食べられる葉っぱは、硬くて栄養のないものばかりで、ドングリのほうがずっと質のいい餌になるだろう。ニホンリスも樹上から地上に食べる場所を変える。樹上でドングリを食べていた動物のうち、ムササビだけがこの輪に加わらない。

夜の森の動物たち

夜の森では、アカネズミがドングリを食べ始める。

落ちたドングリの半分以上には虫が入っているが、ドングリを食べる動物たちは、虫入りドングリを区別して避けるだろうか。少なくとも、ツキノワグマやニホンジカが、いちいち区別して避けているとは思えない。虫なんか食べない、というのは、実は人だけで、ネズミもリスも、ドングリそのものよりも虫のほうが好物だ。だから虫入りを選んで食べる可能性だってある。ただし、虫の糞は嫌いのようだ。

虫は虫で、食べられたくはないだろう。虫が入ることで、ドングリの質に変化があって、ネズミやリスにとって食べにくくなれば、虫には都合がいいかもしれない。虫の入ったクリがおいしくないのは、虫がクリを操作して、大きな動物に食べられるのを防いでいる、というのは考え過ぎだろうか。

食物の貯蔵

ツキノワグマやニホンジカなどの大きい動物は、皮下脂肪を貯めて、冬の餌が乏しい季節は、体に貯蔵した栄養でしのいでいる。冬ごもりをするにしても、冬ごもりをしないで食べ続けるにしても、冬は体が赤字経済だから、餌の多い秋のうちに太る必要がある。

リスやネズミはどうか。体が小さいと使うエネルギーは体の大きな動物に比べて多くなる。それにもかかわらず、体にはあまり多くの脂肪を貯められない。だから餌の足りない冬を乗り切るには、一工夫必要になる。

渡り鳥のように餌の多いところに移動するのも一つの策だが、あまり移動しないで定住している動物には現実味がない。冬眠するとすれば、ヤマネのように体温を下げて、刺激にもまったく反応しなくなるほど深く眠らなければならない。しかし、ニホンリスも野ネズミも、冬眠しない動物なので食べ続ける必要がある。

餌を貯蔵する動物がいることが知られるようになって、観察例が増えてくると、たくさんの種類の動物が、いろいろなものを貯蔵することが分かってきた。例えばモズのはやにえは古くから知られていたが、これも貯蔵の一つだ。ただ、餌となる動物が腐りやすいので、長期貯蔵には適さない。

Smith さんと Reichman さんは食物貯蔵をする動物と、貯蔵の仕方をまとめた。[※1] 一九八四年の報告なので少し古いが、貯蔵に不向きな動物食の場合でも、短期間貯蔵するケースがたくさんあることがわかった。食物がいつも確実に手に入るものではないなら、一時的な貯蔵にも意味はある。日本でも以前、カラスが線路に置き石をした事件があった。これはカラスの一時貯蔵の過程で、ちょっとした間違いが起こったものだった。また、建物のそばに植えられたイロハモミジの枝の上に、栽培品種のクリが置いてあって、これがハシブトガラスの仕業だと後にわかったのだが、カラスもよく貯蔵する。

ナキウサギは草を干して、リスの中にはキノコを干して貯蔵するものがあるが、水分が多くて保存に適さないものでも保存用に加工する動物までいるとは、食べるということがどれだけたいへんなことかよくわかる。

ドングリなどの種子は、もともと春まで待って発芽するために、長期保存には最適な餌という、ほかの餌にはない利点がある。それで、種子を貯蔵する動物は、特に小型の哺乳類と鳥類に多い。奥多摩の森でドングリを食べている動物、カケス、ニホンリス、アカネズミ、ヒメネズミらはドングリを貯蔵する動物で、彼らがいるから食べるよりもはるかに多量のドングリが、林床から消えていくのだ。

高山帯では、ホシガラスがせっせとハイマツの種子を集めているのを、秋にはよく目にする。ハイマツの松ぼっくりを壊した跡が、あちこちにあり、ホシガラスは種子だけ取り出して運び去っていく。このときも、短期間に周辺の松ぼっくりがすべて消えてしまう。

貯蔵の仕方

貯蔵の仕方には、巣穴などにまとめて貯蔵する「集中貯蔵」と、あちこちに少しずつ隠しておく「分散貯蔵」とがある。長期保存するときには、集中貯蔵のほうが便利だろうと思うのに、分散貯蔵する動物が多い。なぜだろう。

Smithさんと Reichmanさんは、貯蔵した食物を、同じ食物を食べる相手から守ることを重視している。集中貯蔵だと、いったん発見されると全滅するが、分散貯蔵ならそういう危険を分散できるというのだ。貯蔵した本人よりも、泥棒のほうが発見する効率が悪いから、分散するだけで盗まれるのをかなり防ぐことができる。集中貯蔵する場合は、盗まれにくい条件がそろっていないと、やりにくい。

北米のドングリキツツキは、決まった木にドングリを貯めて、同時にその木を、攻撃的に防衛する。シマリスも巣穴に集中貯蔵するが、シマリスの巣穴は細く、大きなリスは入れないので、ほかのリスに盗まれる恐れは小さいという。

サンディエゴウッドラットは、標高の高い地域では、低木の根元の巣穴に、一キログラムものドングリを貯めていた。※2 盗まれにくい事情があるのかどうかはわからないが、「標高の高い地域」というのがカギなのかもしれない。

北海道のシマリスは集中貯蔵派だが、ニホンリス、カケス、ホシガラスは分散貯蔵派で、アカネズミは両方行う。奥多摩の森でドングリを貯蔵している動物は、みんな分散貯蔵をする。

貯蔵することになれば、その場で食べるのとは違った問題がたくさん発生する。まず取りに行く範囲、これは、いつもの行動圏の中ではすまないかもしれない。よいものがあれば、遠くまで取りに行く価値もあるだろう。

次にどこにどうして貯めるのか。縄張りを作る動物なら、何も隠さなくてもよさそうだが、縄張りの外まで取りに行くなら話は別だ。それに、違う種の動物が盗みに来ることもあるかもしれない。自分がわからなくなっても困るから、確かな記憶力も必要だ。分散貯蔵するとなると、膨大な数の場所を記憶しなければならない。

しかし、困難を克服して十分な貯蔵をして、それを使う能力を身につければ、冬は苦しい季節ではなくなる。このことの利点は苦労を補っても余りあることだろう。

貯蔵食糧の量

実際にどれくらい貯蔵食糧に頼っているか、調べた例を紹介しよう。

カケスはカシ鳥とも呼ばれ、ドングリを好むことが古くから知られていた。オランダの疎林に棲むヨーロッパカケスは、ドングリをとても頼りにしていて、ほとんど一年中ドングリを食べている。雛を育てるときは、デンプン質のドングリばかりというわけにはいかず、タンパク質に富む昆虫を主に雛に与えるが、雛が巣立つとドングリを与えるという徹底ぶりだ。[※3]

ドングリは秋にしか実らない。九月に実るドングリを、その時期には集中的に集めて分散貯蔵する。そうして次の年の八月まで、貯めたドングリを食べ続け、ほかの餌が季節的に増えるときはあっても、ドングリを食べない月はない。

餌の少ない冬は、食べる餌の半分以上、時には全部がドングリになる。六月にはドングリが発芽してしまうが、それでも発芽したドングリのしなびた子葉を掘り出して食べる。これほど一種類の餌に頼り切った生活をしているのも驚きだが、いったいどれだけ貯めればこのような生活が成り立つのだろうか。貯めたドングリの数は、書かれていない。

記憶力も確かで、空中から見分けて着地し、その場で掘りだす場合が半分以上、少し歩いてから掘り出す場合でも、迷わずまっすぐ歩いている。地上の目印を使って記憶しているらしいが、たくさんの貯蔵場所を覚えるだけでなく、すでにどこを掘り出したかも、いちいち記憶する能力は、想像がつかない。それでも残るドングリがあるとすれば、「余り」が出るほど貯めているのだろう。

アメリカのアオカケスでは、どれだけドングリを貯めたかが推定されている。[※4]九羽のカケスに印をつけて個体識別し、採食時間と数を観察し、大きさの違う五種のドングリの食べ方、運び方から総量を計算したものだ。

推定された数は一三万三〇〇〇個、これを平均一キロメートル以上運んだ。一羽当たりにすると一万四七七八個、同じ森にドングリを取りに来るカケスが全部で何羽いるかわからないが、森中のドングリを持っていきそうな数だ。

日本のカケスも、一度に五、六個のドングリを運び、一日に三〇〇個前後を、地表付近に分散貯蔵する。[※5] のど袋をいっぱいにした上に、さらに嘴に一個くわえて飛ぶカケスの写真も撮られている。

北米、ニューメキシコでは、ドングリではないが、マツの仲間であるピニョンパインの種子をピニョンカケスが集める。豊作のときは二五〇羽の集団で、一日に三万個を共同貯蔵所に貯める。[※6] 単純に計算すると、一シーズンで四〇〇万個貯めるだろう、と推定される。

アリゾナのクラークホシガラスは、同じくピニョンパインの種子を集める。[※7] 採集場所と貯蔵場所の距離は七・五キロから二二キロ、このあいだを一日に七、八回往復する。舌下の袋には、一度に七〇個以上の種子が詰め込める。貯蔵場所は高山針葉樹林の共同貯蔵エリアで、冬のあいだ、クラークホシガラスは、貯蔵種子に頼り切った生活をする。貯蔵される種子の数は推定三三〇万個から五〇〇万個、重さにして六五八キロから一〇二八キロにもなる。

哺乳類のことはわからない

哺乳類では、残念ながら貯蔵する量を推定した例は少ない。昼間空間を飛んでいく鳥と比べて、障害物の多い地表を走る哺乳類は、観察がはるかに難しいからだ。唯一、エゾリスがチョウセンゴヨウというマツの種子をどれくらい運ぶか、少し間接的ながら推定した例がある。

北海道にある〇・二一ヘクタールの植林地で、チョウセンゴヨウが作った種子の数が推定七万七〇〇〇個、エゾリスが貯蔵したのがその七四パーセントに当たる五万六九八〇個。[※8]しかし貯めた種子は、雪が積もると地面に埋めた分は回収しない。発見できないのではなく、掘る労力を惜しんでいるのではないかという。

ヨーロッパ、イベリア半島で、秋に採取しておいたドングリを使って、春にどれだけ持ち去られるかを観察した例では、一週間で一二〇〇個のドングリが消えたという。[※9]

短期間の直接観察では、アカネズミが一日に食べる量の三倍、ヒメネズミが七倍の量を一晩で貯蔵したという観察もある。[※10]

貯蔵は将来のためのものであり、種子が実るのは秋の短い期間であることを思えば、相当の労力を割き、多量の種子を貯蔵するだろうことは想像できる。小さい動物が一日に食べる量は少ないので、食べるだけならそれほど多くの種子が短い日にちで消えることはない。けれど、貯蔵するのなら、動物の体が小さくて一度に食べる量が少なくても、単に食べるよりもずっと多くの種子を動かすことができるのだ。並作程度ならば、こうしてたくさんあるように見えたドングリも、数週間のうちには見つからなくなってしまう。

倒木の穴に貯蔵された種子から発芽した、ウワミズザクラの実生集団。

ツキノワグマの爪跡。

ツキノワグマが樹上でクリを食べて、枝を落としたもの。

5章　タネをまく木々

―生き残り戦略―

果実がおいしい理由

ふだん私たちが食べる果物は糖分と水分を含んで甘くみずみずしい。植物は何とおいしい食物を、私たちに提供してくれるのだろうか。もちろん、栽培しているものは、食べる部分を大きく甘く改良したものだが、もともと植物がこういう食べやすいものを作っているのを単に人が選抜しただけのことだ。

動物が好んで食べるようなものを、植物が作るのには、植物なりの下心がある。植物の下心とは、種子を運んでもらうこと。動くことのできない植物は、種子をたくさん作って広い世界に運ばせるために、いろいろな工夫をしている。その一つが、動き回る動物に食べさせて、糞とともに新しい世界に種子を蒔いてもらうことだった。

柔らかい果実の中には丈夫な殻に包まれた種子が入っていて、動物の消化管を通っても傷まないようになっている。柔らかい果実は、動物が食べたくなるように、甘い味をつけるだけでなく、赤や紫の目立つ色をつけて、さかんに自己宣伝をしている。

植物は、種子のときにだけ自由に動くことができる。動けば、新しい生活場所を開拓できるかもしれないし、今まで仲間の誰もいなかった場所に分布を広げることもできるかもしれない。いろいろな可能性が開けるのだ。また、親の植物が生活した場所には、子供の実生にとって危険な病原菌や害虫が多くなっていて、実生の生長には不都合なことが多い。そこから逃れることは、実生にとって必要なことかもしれない。

親のいた場所は、少なくとも親が死んだ後なら、確実に育つことのできる環境だから、動かないでいいようにも思う。けれども、親の植物は、その場所で生きていけるよりはるかに多くの種子を作るから、種子が動かなければ兄弟間の競争が激しくなりすぎる。そうなれば、生き残る僅かな個体を残して、大部分の種子が次の親になることなく死ななければならない。

たとえ環境がどこも同じで、生き残る確率も同じだとしても、兄弟間の競争があるために、少しでも動いて分散する必要があるのだ。

もし、移動が危険を伴ったり、移動した結果、生きられない環境に運ばれてしまう危険が非常に高いとしたらどうか。それでも移動したほうがいい。すでにライバルで埋まっていて空き地はなく、時間が経ってもその状態が変わる可能性がない、非常に安定した環境では、場所を変えてもいいことはないようでも、まったく移動しないよりは移動する子供＝種子を作るほうがよい[※1]。

つまり、種子は何が何でも移動しなければならない。樹木の場合、大きくなった木は長生きをするからなおのこと、母樹の下に留まってはいけない。だから、種子には、移動するための仕掛けが備わっている。甘い果肉もその仕掛けの一つだ。そしてドングリも、移動する仕掛けを備えているはずだ。

種子散布

植物が種子をばらまくことを種子散布という。自分で動く手段を持たない植物は、種子散布では、植物の周りにある、あらゆる「動くもの」を利用する。そのために種子または果実は、いろいろな仕掛けを発達させている。それで、外見から何をどう利用するかわかる場合が多い。

種子散布の方法にどんなものがあるか、まとめて分類した人は何人もいて、今ではかなり整理されている。分類は、まず何を利用するかによって分け、次にどのように利用するかで分けられる。

〈風の利用〉

利用者が多いのは風だ。風を利用して種子を移動させる場合を、風散布という。風は利用された歴史も古く、種子ができる以前、シダやコケの胞子は風に乗って飛んだ。埃のように小さいものは、特別な仕掛けがなくても、空中に浮かんで移動分散できる。

しかし種子の場合、独立生活を始めるまでの栄養を持たなくてはならないから、あまり小さくするわけにはいかない。種子でも埃のように小さいものはあるが、それはごく一部の特殊な植物だ。

例えばランの仲間は、菌類の助けを絶対的に必要としていて、相手の菌にめぐり合えれば発芽直後でも自分の栄養をほとんど必要としない。それより相手の菌と出会うことのほうが重要だ。また寄生植物で、やはり発芽して最初の体を作るまでの栄養さえも相手に頼り、相手との出会いのほうが大切なものがある。そのような植物は、埃のように小さい種子を作っている。

ふつうの植物は、自活する体を作るまでの栄養を種子に蓄えておかなくてはならないから、どうしても種子は大きくなり、埃のようにはならない。

そこで、翼や毛をくっつけて、風で飛びやすい形を作る。タンポポの果実には、萼が変わってできた冠毛があって、ふわふわと空気に浮かぶようにして飛んでいく。アザミの冠毛は鳥の羽根のように枝が出ていて、少し大きめの果実でも飛ばせるようになっている。樹木では、ヤナギ類が毛を使って飛んでいく。

薄い膜のような翼を持つ種子は、例えば針葉樹であるアマカツに見られる。翼は毛と違って、少し強い風がないと、遠くには飛ばない。そこで空気が乾いて強い風が吹くときに、松ぼっくりが開いて種子が飛び出すような仕掛けもあわせて持っている。モミは松ぼっくり自体がバラバラになって、隙間に入っている種子を飛ばす。カバノキ科やカエデ類など、樹木には翼を持つ種子を作るものが多い。変わった翼としては、特殊な葉っぱを作って翼として使う、ケヤキのようなものもある（図5―1、5―2、ケヤキの実は図1―1を参照）。

〈水の利用〉

水を利用するのは、主に水辺の植物で、水流散布という。変わったところでは、雨滴が当たると種子が飛び散る、ネコノメソウの仲間のようなものも知られている。

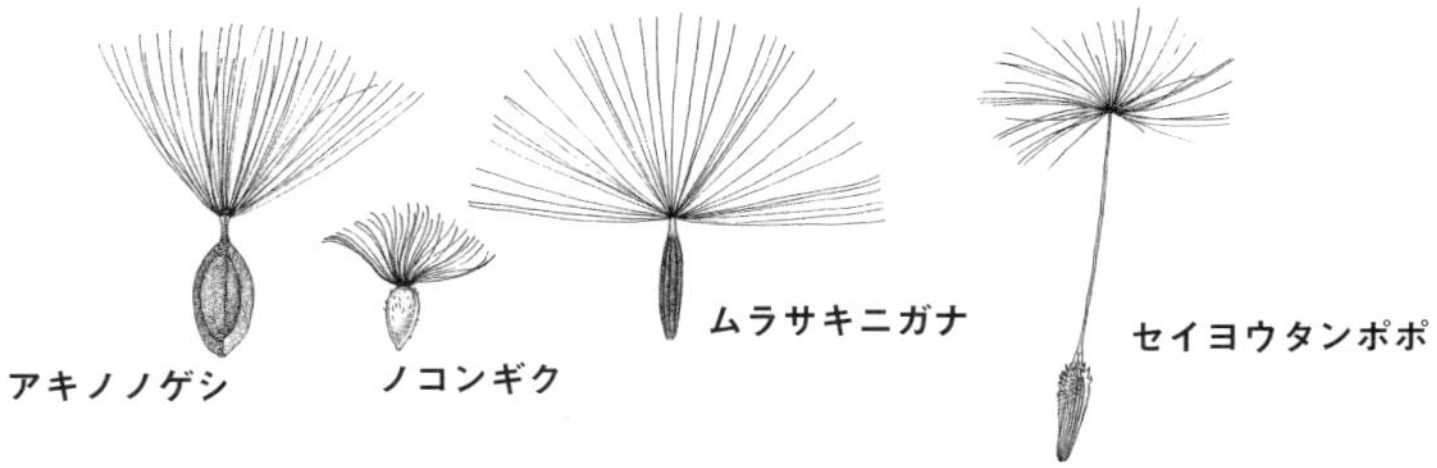

図５－１　冠毛型の風散布種子・果実。

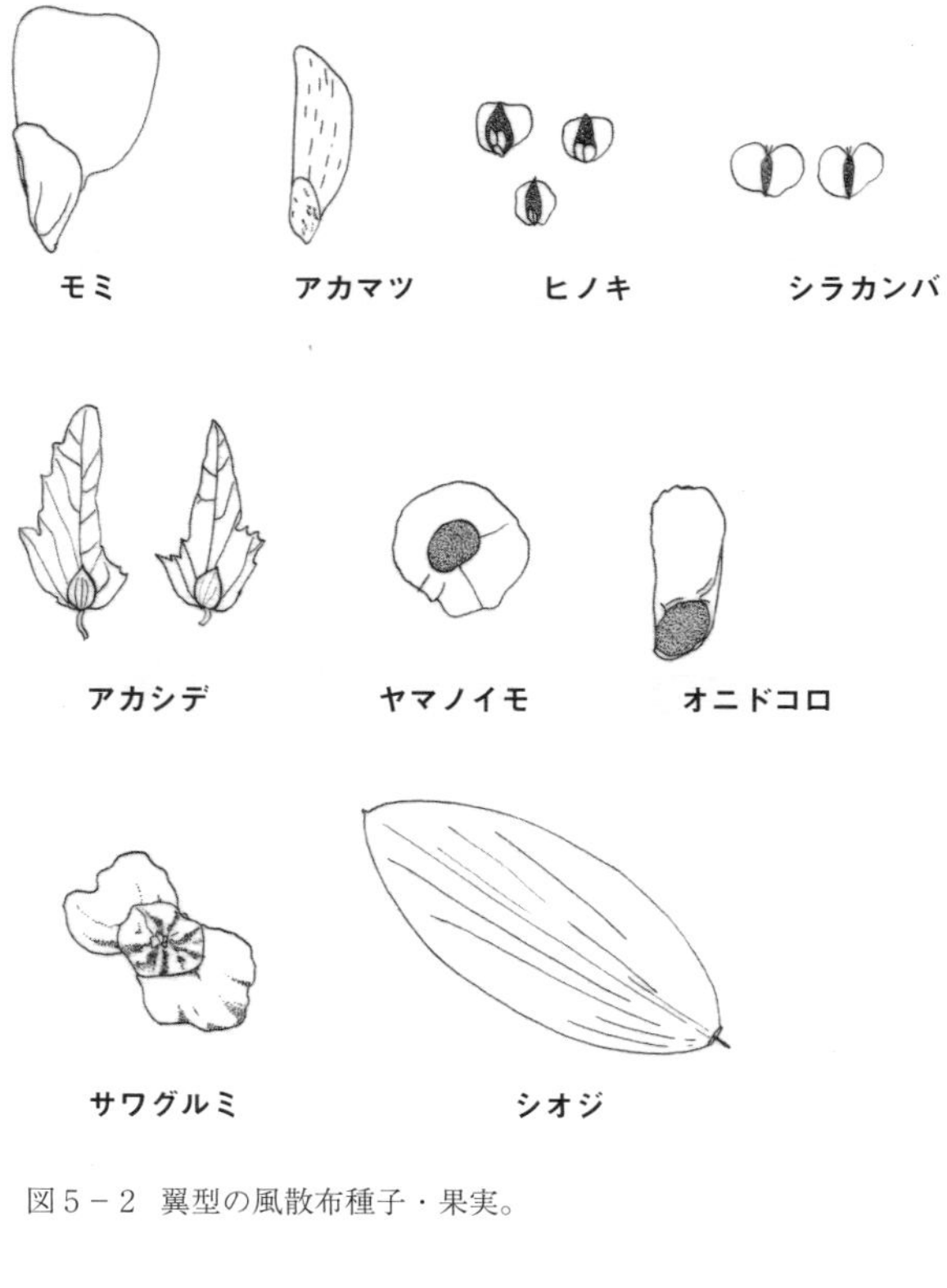

図５－２　翼型の風散布種子・果実。

動物の利用

動物を利用して種子を移動させるものを、動物散布という。動物を利用する果実・種子には、いくつか違った利用の仕方がある。

〈動物の利用　その一〉

果物の場合は、被食散布あるいは周食散布に分類される。種子本体は食べられても消化できないように硬い殻で被い、周囲にみずみずしくて餌として魅力的なおまけをつけてある。このような種子・果実は、動物の消化管を通って、果肉がなくなり、硬い殻に少し傷がついたほうが、よく発芽する場合が多い。

食べさせる相手が鳥か哺乳類かで、多少性質が違っていて、鳥なら樹上でもたくさん食べてくれるし、目が良く、原則丸飲みしてくれる。しかし哺乳類は地面に落とさないと食べる種類が限られ、目よりも匂いで引きつけるほうが効果があり、歯があるので種子を少し大きく作ると、硬い殻でも割られるかもしれない。

それを防ぐために、例えば柿は、種子の周りにぬるぬるするものが付いていて、これで哺乳類の歯をすり抜けるのではないかと考えられる。

種子の大きさは、呑みこんでもらえる大きさでなければならないから、風散布よりは大きくできるが、やはり限界はあるだろう。

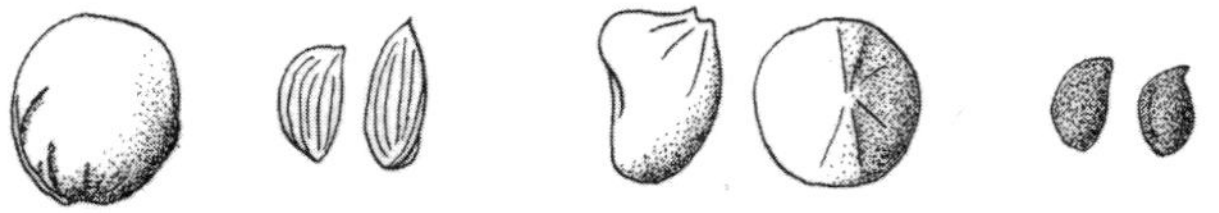

図5－3　被食散布種子(果肉の中身)。左から、ヤマザクラ、アオハダ、ヤマボウシ、ナナカマド。

動物に発見してもらうためのアピールも大切だ。ガマズミやイイギリの赤い実は、目で餌を探す鳥に目立つだろう。

ハリギリやミズキの黒い実は、一見目立たなく見えるが、鳥の色覚には、目立つのかもしれない。ヤマザクラの実は、はじめ赤く、のちに黒く熟す。実は少しずつ時間をずらせて実るので、樹上にはいつも赤と黒の実が混じっていて、二色でアピールしている（図5－3、5－4）。

この方法だと、果実を食べる動物（種子の散布者）は、種子を壊さないので種子の捕食者ではない。

〈動物の利用　その二〉

動物の毛や羽毛にくっつける付着散布の果実は、草むらを歩くとたくさん付いてくる。硬い毛先の曲がった棘を使って引っかかるもの、糊づけ方式のものと、くっつき方も変化に富む。先の曲がった棘のある、オナモミの実は、このような実の中では最も大きいものだ。

ヌスビトハギの莢にある曲がった毛は、肉眼では形が分からないくらい小さいが、機能はしっかり果たしている。センダングサ類は実の先に太い棘があり、さらにその棘に下向きの棘が生えている。実が熟

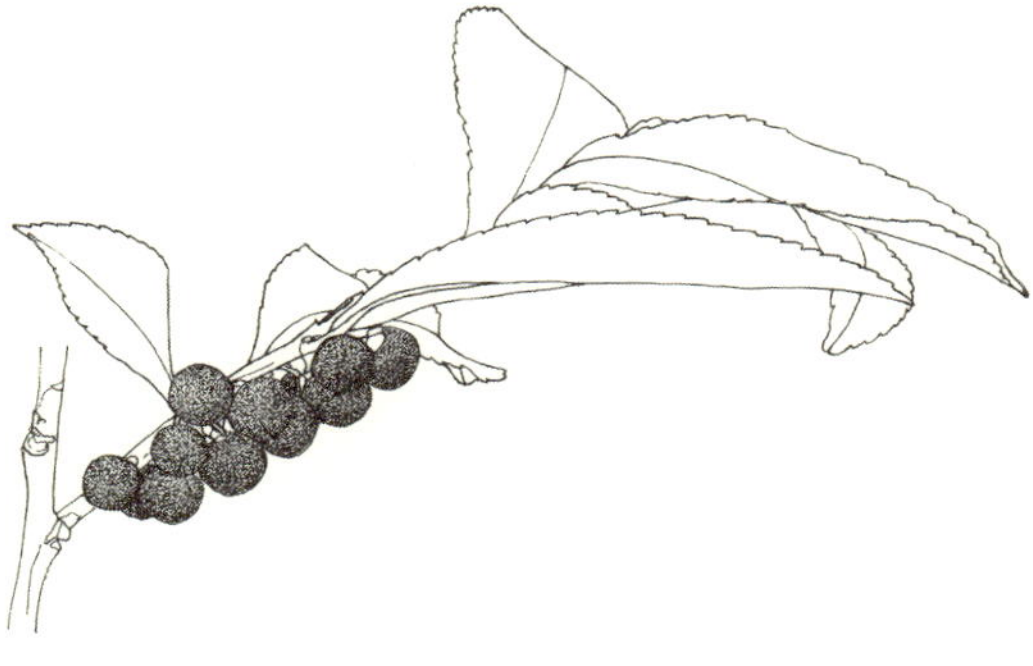

図５－４　被食散布果実。ミヤマシキミ（上）は赤く、ヒサカキは黒く熟す。

すと、それまで閉じていた実の塊が開き、実が取れやすくなって、動物が通るのを待ち構える。糊づけ方式のものには、ノブキ、メナモミ、ガンクビソウなどがある。糊を分泌する場所は種類によって様々だ。

付着散布の植物は、草本ばかりで樹木にはない。実に体が触れるような動きをする動物は、地面を歩きまわるものに限られるのだろう。毛や羽毛に付いた実は、歩きながら別の草にこすれて取れることもあるだろうし、毛づくろいのときに取れることもあるだろう。運べる大きさは、風散布や被食散布よりは大きくできるが、現実には小さいものが多い（図5－5）。

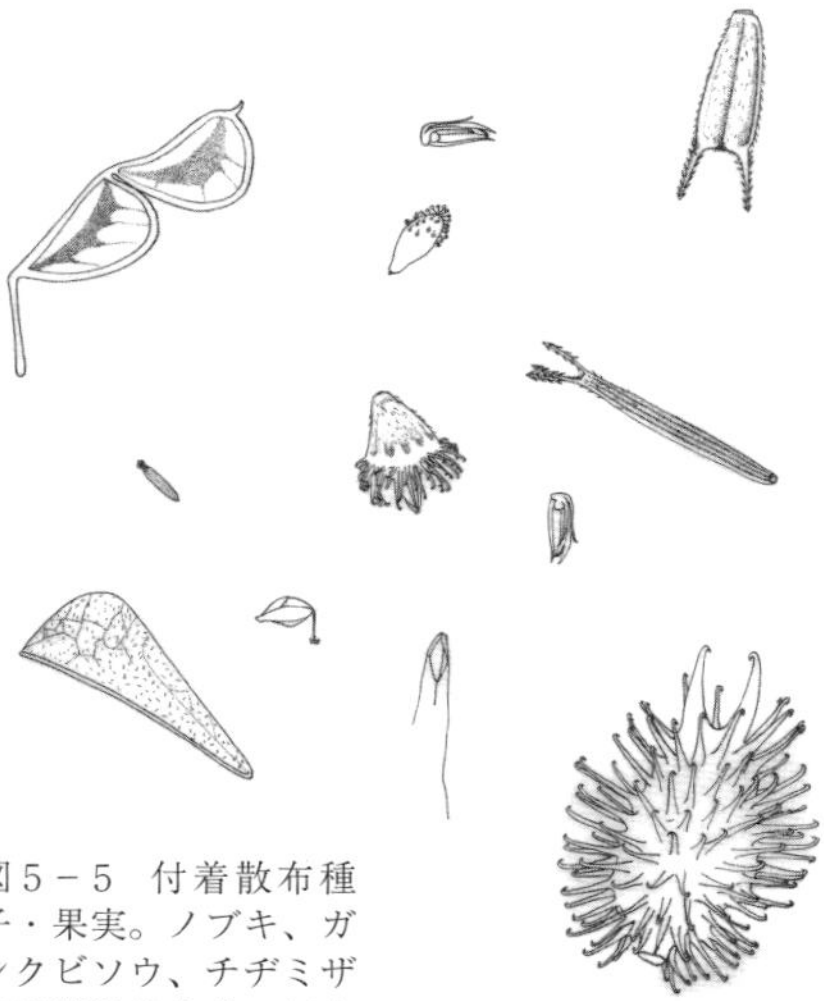
図5－5　付着散布種子・果実。ノブキ、ガンクビソウ、チヂミザサは糊付け方式、ほかは引っかかり方式。

オオバコやクサイの種子は、何も仕掛けがないように見える小さな種子だが、水に濡れると膨らむ粘液が付いていて、歩く動物の足の裏に粘りつく。これも付着散布の一種だ。では、泥に混じって足の裏や指の隙間につく種子は何だろうか。種子自身には何の仕掛けもないように見えるから、足の裏にくっつくのは偶然だと言っていいのだろうか。

〈動物の利用　その三〉

動物がすぐに食べるのではなく、貯蔵するために運ぶことを利用する場合は、貯食散布という。この場合、動物が食べるのは種子の本体であり、動物はいったん貯蔵しても、あとで回収して食べてしまうので、種子が生き残るためには、食べ残しが出ないといけない。

その代わり、相手の動物の大きさによっては、かなり大きな種子でも作れるし、被食散布や付着散布のように、種子本体が生き残るためには使わない、余分なものを作る必要がない。そのため、一見すると、どうやって散布されるのかわからない場合が多く、かつては「重力散布」という、もっともらしいカテゴリーに入れられていた。

重力散布とは、落下した勢いで転がる、という意味だ。ドングリが丸いのは、たしかに転がるのに適している。重ければ、空気抵抗の影響を受けないで、勢いよく地面に激突して、転がる勢いも出るだろう。しかし、動物が種子を貯蔵することが分かってきてから、大半は貯食散布というカテゴリーに入れられた。

貯蔵させるには、保存の利くものでないと都合が悪いが、種子は元々保存に適したもので栄養価も高い。これに加えて、餌としての魅力が、より大きいほうがいい。これは、動物が扱える範囲でなら、種子を大きくすることで、より魅力的になるということであり、ほかの散布方式に比

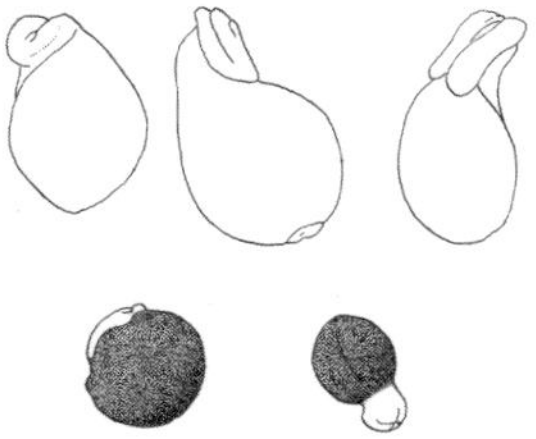

図５－７　アリ散布種子。大きくても２～３ミリメートル。草本に多い。上左から、タキツボスミレ、コスミレ、アオイスミレ。下左から、ムラサキケマン、スズメノヤリ。

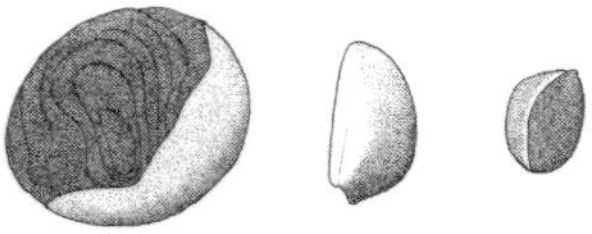

図５－６　貯食散布種子。特別な仕掛けがなく、大きいのが特徴。左から、トチノキ、ヤブツバキ、チョウセンゴヨウ。

べて大きな種子が多い（図5―6）。

この方法では、種子を貯蔵する動物は、同時に種子の捕食者でもあり、食べられた種子は壊されてしまう。

〈動物の利用　その四〉

動物散布の一つに、アリ散布がある。昆虫は体が小さいので、種子散布にはほとんどかかわらないが、アリだけは例外で、餌を集めて巣穴に運び、ごみを捨てるから、この労働力を使う植物が、草本に多い。

スミレ、カタクリ、スズメノヤリなど、アリが運べる程度の小さい種子本体に、柔らかい付属物がついていて（エライオソームという）、アリはこの付属物に引きつけられる。種子本体は、アリにとってはただのゴミだ（図5―7）。

〈自動散布〉

何にも頼らないで、自力で種子を飛ばす、自動散布の

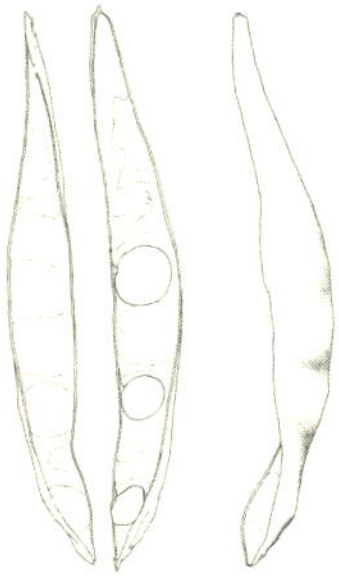

図5－9　フジは莢がねじれながらはじけ、平たい種子を飛ばす。

図5－8　オカスミレは、果実が熟すと茎を伸ばして高い位置から種子を飛ばす。

植物もある。スミレの大部分は、丸い種子が入った莢が乾いて縮むときに、種子を押し出して飛ばす。飛距離は数メートルになる（図5－8）。ツリフネソウも果実がねじれて壊れる勢いで種子を弾き飛ばす。マメ科の植物には、莢がねじれながら割れて、中の種子を弾き飛ばすものが多い。

低木ではコクサギがこの方式を採用している。高木には自動散布のものはないが、つるで高く登るフジも、自動散布をする。

フジはマメの仲間で、豆のような形の莢の中に、大きな種子を入れているが、莢が熟して乾くとねじれて、中の種子を弾き飛ばす（図5－9）。高いところから弾き飛ばせば、飛距離はかなり大きいはずだ。それでも、何十メートル、何百メートルも飛ばすことはできない。

高木にこの方式がないのは、もっと大きな距離を移動したいからではないか。

さまざまな方法で種子散布を行ったとしても、親植物の近くに落ちる種子が多くなるのは仕方がない。一般に、親のそばに落ちる種子が一番多く、遠くに飛ぶ種子ほど数が少なくなっていく。自動散布では、飛べる距離には限界があり、それ以上遠くに飛ぶことはほとんど期待できないので、それを補う方法を併せ持つ植物もある。

カタバミは自動散布だが、種子に引っかかりのあるデコボコがあって、動物についてさらに遠くに運ばれる、二段階方式になっている。スミレ類の大部分も、弾き飛ばした後でアリに運ばれる二段階で散布する。

ツリフネソウは弾き飛ばすだけで、その後二段階目があるのかどうかはわからない。

散布によって種子が動く範囲

自動散布で動かせる範囲は限られている。アリ散布も、アリの動く範囲はそう広くはないだろうから、あまり遠くには行けないように思える。アリに捨てられた種子には、もう何者をも引き付ける力はないから、それ以上はどこにも行けないだろう。

自動散布・アリ散布以外の方式ならば、もっと遠くまで運ばれる可能性がある。風散布、特に綿毛で飛ぶタイプは、無限に飛ぶことができる。ヤナギ類は、洪水でひっかきまわされて裸地になったところに、真っ先に入ってくるから、いつどこにできるか予測できない空き地を探して入り込むのに、綿毛による風散布が威力を発揮しているのだろう。

しかし、風で飛ぶ場合は、生きていけないところに落ちてしまう可能性も高い。たくさんの無駄の中からわずかな幸運をつかむような種子の蒔き方だ。幸運を捕まえるには、種子は小さくていいから、数多く作るほうがいい。ヤナギ類の種子は、長さ一ミリもないものばかりだ。翼で飛ぶ場合は、綿毛より遠くには飛びにくいが、強い風が吹けばかなり飛ぶ。

動物散布も、風散布ほどではないが、無駄が多い。一本の樹木にたくさん果実が実れば、そこで長いこと食べ続ける動物が多くなる。そうすると、種子の混じった糞は大半がその木の下に落ちて、あまり動けない結果になる。休み場所へ移動してから糞をする場合でも、休み場所の癖があれば、いつも同じ場所に運ばれることが多くなるだろう。

動物がどんな行動をするか、そのことが、種子の行き先を左右することになる。種子が行きたい場所とは、どこだろうか。動物は、種子の行きたい場所にどれくらい運んでくれるのだろうか。動物が一定の行動圏を持って定住しているときと、渡りのように長距離移動しているときでは、種子の行き先も移動距離も、大きく違ってくるはずだ。

鳥は腸が短く、飲み込んだ種子を体に持っている時間も短いから、渡りの時期に合わせて実ることは、植物にとって移動の可能性を大きく広げることになるだろう。それでも、種子にとって不都合な場所に落とされる可能性は高い。

哺乳類は、体が大きいほど行動圏が広いので、種子を体の中に持っている時間を考えると、大きい動物のほうが、種子を運ばせるにはよさそうだ。しかし大きい動物は糞も大きく、種子は大きな塊になって落とされるので、種子同士の競争が激しくなってしまいそうだ。食べさせる場合でも、小型の動物に少しずつ蒔いてもらうほうが、種子にとってはいいのではないかと思う。

貯食散布をする動物は、ふつう定住しているから、種子の移動はその行動圏の範囲内に限られるし、その外側まで取りにいったとしても、いつもの何倍もの距離を動くとは思えない。日常的な行動圏の広い動物のほうが植物には利用価値が高いのではないか。

種子をどのくらい遠くまで運ぶかという点では、鳥でも哺乳類でも観察例が多い。北米のアオカケスでは平均一キロメートル以上、[※2]クラークホシガラスでは七・五～二二キロも運んでいる。[※3]クラークホシガラスの場合は越冬地に運ぶので、距離が大きくなっているが、季節移動しない場合でも、いつもの行動圏を外れて種子を集めているように見える。一度に運ぶ種子の数によって、運搬距離が違うというおもしろい観察もある。[※4]一個だけのときはすぐ近くまで（二〇メートル以下）、二個のときは二〇～一〇〇メートル、三個だと一〇〇メートル以上運ぶことが多いそうだが、これはなぜだろうか？

哺乳類でも、運ぶ距離についてならいくつか情報がある。大柄なエゾリスでは、チョウセンゴヨウの種子を六〇〇メートル運んだらしい。[※5]ただ、運ぶのを直接追いかけたのではなく、実生苗を見て推定しているものだ。同じく実生苗と母樹の位置関係から、一・八キロメートルという大きな値も出ている。[※6]

本州のニホンリスでは、種子の持ち去り実験で、オニグルミを最大一六八メートル運んでいる。[※7]

ただ、貯める場所が、樹上の場合が二八パーセントもあり、オニグルミには迷惑な貯め方ではある。ニホンリスは地表と樹上両方に貯めるが、地表のほうがやや多い。種子は地表に貯めてもらわないと、発芽できないので、樹上の分は、種子にとっては無駄になる。八ヶ岳のニホンリスでは、平均一〇メートル、最大五〇メートル運んでいる。※8

野ネズミは、リスより行動圏が狭い。餌場を作って持ち去りを観察し、のちに周囲一二メートル四方の落ち葉を全部取り去ってみたら、四〇ヶ所もの貯蔵場所が見つかった。※9 ずいぶん狭い感じがする。巣穴貯蔵は、二四メートル離れた場所に一ヶ所見つかった。

直接観察したくても、エゾヤチネズミは落ち葉の下を移動するので、そもそも行動観察ができない。地表を走るアカネズミでも、餌場付近の行動しか観察できない。夜ということもあり、直接観察の難しさが情報の少なさに直結している。この中で、アカネズミが一旦周辺に分散貯蔵をして、それを後で掘り出して、さらに遠くに運ぶのが観察された。餌場近くの貯蔵分は、こうした一時貯蔵の分なのだろう。そうだとすれば、最終的にどこまで運ばれるのか、これではわからない。二四メートル離れた巣穴貯蔵が、唯一の情報になってしまう。

なぜアカネズミが一時貯蔵をするのか。アカネズミやヒメネズミは、岩や倒木を基地にして、そこから餌場を往復した。※10 ネズミは基地から出て、餌場に行き、すぐに基地に戻る。そして基地から数メートルの所に埋め、基地に戻る。そのあいだ、少しでも異常を感じると、すぐ基地に戻る。まるで「だるまさんがころんだ」をしているような動きだ。何をするにも、すぐに身を隠せる場所からあまり離れない。

野ネズミはフクロウやキツネの主食でもあり、常に餌として狙われているから、何をするときでも常に自分の安全に、細心の注意を払わなくてはならないのだろう。

直接観察ができないネズミでも、超小型発信機をドングリにつけて運ばせれば、ドングリの行方を直接追いかけることができる。超小型の発信機をつけたマテバシイのドングリを地表に置いておくと、一週間以内に持ち去られ、半分が地表付近に分散貯蔵された。[※11]

しかし、これらは全部掘り出されて、七〇パーセントが別の所に再度貯蔵された。運んだ距離は年によって違い、競争相手が多いと遠くなって最大九〇メートル。分散貯蔵しながら、少しずつ動かして、だんだん巣穴に引き寄せていくやり方は、敵を警戒しながら餌を確保するための、ネズミなりの工夫なのだろう。回収率は高く、生き残って発芽したマテバシイは一六九個中二個しかなかった。ネズミは、忘れっぽくないのだ。

回収されれば種子は食べられてしまうから、その分は無駄になる。貯蔵したものを忘れてくれるほど動物は愚かではないし、持ち主が死ぬような事故も、あてにできるほどあるかどうかわからない。動物の需要を満たした上で余らせるとすれば、大半の種子は食べられて無駄になるだろう。

どんな方法を採用するにしても、種子散布が他人任せである以上、無駄は避けられない。これは植物の宿命だ。植物にできることは、無駄を少しでも減らすように、種子の性質を変えることだけだ。

ドングリは転がらないほうがいい

大きくて、何の仕掛けもないように見える種子や果実は多い。ドングリのほかに、トチノキ、ヤブツバキ、オニグルミなど、これらは大きいがゆえに人も利用してきた。このような種子・果実は、かつては重力散布とされていた。これが動物による貯食散布だと分かり、重力散布というカテゴリーはなくなりつつある。

Harper さんたちは、このような種子・果実は動物の貯蔵行動によって散布されるものとしているし、[※12] van der Pijl さんは、種子散布に関する総説の中で、最初は認めた重力散布を、第三版では疑問視し、[※13] Ferner さんの種子生態学に関する総説に至っては、重力散布というカテゴリーは、存在しない。[※14]

そもそも落ちて転がるだけで、種子散布と言えるほど散らばるのだろうか。ドングリは丸いから、急斜面なら下のほうにかなり遠くまで転がるだろうが、転がって行った先に川があったらどうするのだろう。それに、ふつうは森の地面にはデコボコがあって柔らかく、落ち葉も溜まっているから、落ちた衝撃は吸収されてしまい、母樹の樹冠から出るのも難しい。

重力散布と言われる果実は、丸いドングリばかりではない。クリは丸くないし、ブナに至っては三角錐で、とても転がるとは思えない。強い風でもあれば、少しは遠くに落ちるだろうが、風散布の種子でさえも、母樹の近くに落ちるものが圧倒的に多いのだ。

大部分のドングリは、それでも母樹の下に落ちてしまう。これでは種子散布ではない。ドングりは、落ちた段階では分散しないのだ。

植物の世界には、分散しない種子は確かにある。ミゾソバやヤブマメは、地中に閉鎖花をつけ、閉鎖花は地中に実る（図5－10）。

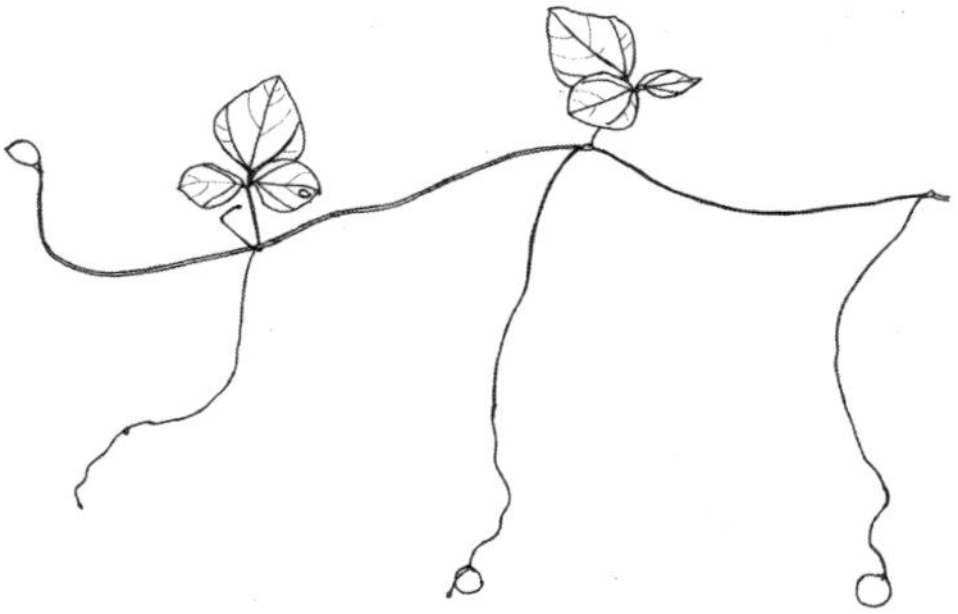
図5－10　ヤブマメの地下閉鎖果。葉腋から地中に茎を伸ばして先端に閉鎖花をつける。閉鎖花の果実は開放花の果実より大きく、莢は柔らかい。

しかし、一年草の彼らは同時に、地上に種子散布する種子も作っている。ドングリの母樹は長生きだから、分散しない種子を作るはずがない。

母樹の後継者になるにしても、母樹の下で待機できるとは思えないし、実際、ドングリは、種子の状態で待機する力はなく、また待機している実生はない。

豊作の翌年には、母樹の下に残っているドングリがかなりあって、発芽してくるのだが、そのような実生で、まだ二年以上生きたものはない。

それでは、母樹の下にかたまって落ちたドングリには、どんな運命が待っているのだろうか。餌として、大きくて魅力的なドングリがかたまって落ちていると、いろいろな動物が食べにくる。一個一個が大きいうえに、狭い範囲にかたまっているのは、短時間にたくさん食べるのに適している。ドングリの木の下は、動物にとって餌場として魅力的なのだ。

体が大きく、一度にたくさん食べるツキノワグマやイノシシにとってはもちろんのこと、体が小さい代わりに餌を貯めるネズミやリスやカケスにとっても、そこに行けばたくさん餌が集まる所として、とても魅力的な場所になる。

このように考えると、落ちたドングリが散らばっていかないこと、それこそが大事なのではないだろうか。それなら、落ちる段階では、種子散布などしなくてもいい。むしろ、種子散布などしないほうがいい。

動物が樹上で種子や果実を食べるときは、まだ散らばっていく前のものを食べるので、あまり動かなくてもたくさん見つけて、たくさん食べることができる。これは、動物にとっては楽でいいことだ。果実が落ちてしまうと、ふつうは散らばって探しにくくなる。ドングリが「重力散布」したときは、散らばっていかないから、地面に落ちた後でも、樹上にあったときのように、あまり動かないでたくさん食べられるという魅力を残したままだ。

ドングリが食べたい動物は、ドングリの木の下に行けばいい。ドングリを集めたい動物も、ドングリの木の下に行けばいい。周囲を広範囲に探し回らなくても、ドングリの木の下では十分なドングリが食べられ、十分なドングリが集まる。木の下のドングリが、食べられ、集められて少なくなるまで、動物にとっては魅力的な場所であり続ける。

結実変動は、動物にどんな影響を及ぼすか

さて、植物が種子を動かすためにさまざまなことを画策しているとわかれば、ドングリの性質も、ドングリを動かすことに役立つように作られていると考えられる。ドングリが動物の餌として魅力的なのは、動物をドングリに引きつけ、食べさせて、保存用に貯めさせるのに役に立つ。ところが、ドングリは気まぐれで、秋になればいつでもたくさん食べられるものではない。3章で見たように大きく結実変動をして、ある年には有り余るかと思えば、次の年にはほとんどなく、少しだけ実ったドングリがすぐに食べつくされてしまうこともある。

変動係数は小さめだとはいえ、いつでも当てにできる木の実ではないのだ。結実変動が、単純に気候の年変動への応答ではないとすれば、背景には動物を操作しようとするドングリの意図があるかもしれない。

もしもドングリだけを当てにして生きている動物がいるとすると、この動物は、ドングリが結実変動すると、ドングリが少ないときには食べるものがなく、飢えてしまって繁殖もできず、数が少なくなるだろう。そして次の秋にドングリがたくさんできても、数が減っているから、ドングリをほんの少ししか食べられない。寿命の短い昆虫には、そういうものがいてもおかしくない。

奥多摩のドングリには、4章で見たように、コナラシギゾウムシが入ってドングリを食べている。ドングリを食べる昆虫の中では一番数が多く、時には落ちたドングリの半分以上がコナラシギゾウムシの幼虫入りになるほどだ。

では結実変動は、コナラシギゾウムシの数に影響を与えて、ドングリの被害を減らすのに役に立っているだろうか。そのことは、ドングリの生き残りに役に立っているのだろうか。

〈コナラシギゾウムシの場合〉

ドングリの結実変動がコナラシギゾウムシの数に影響しているかどうか確かめるには、ドングリの落下数と、ドングリを乾かしているあいだに出てきた幼虫の数を比べればよい。ドングリを部屋の中で乾かしているあいだに、ドングリを食べて十分成長したコナラシギゾウムシの終令幼虫が、ドングリの果皮に丸い穴をあけて出てくるから、この穴の数を数えれば、入っていた虫の数はわかる。幼虫を直接数えるのは、ドングリから脱出した後の幼虫を閉じ込め切れなかったから、できない（気づいたときには、幼虫たちはもぐる場所を求めて床じゅうに散らばってしまった）。

コナラシギゾウムシが次の夏に羽化してきて、新しいドングリに産卵するとき、前の年は不作で母虫の数が少ないと、ドングリに空いた穴の数は、ドングリの数に比べて少なくなる。逆に、前年が豊作で、母虫の数が多くなっていれば、その年のドングリに空く穴の数は多くなるはずだ。ところが、結果ははっきりしなかった。

前の年にどれだけドングリができたとしても、それが次の年に育つ虫の数には、大きな影響がない。僅かに調査地の一つ峰のミズナラで予想した傾向があっただけで、どこのどの種でも、前の年ではなく、その年のドングリの数とドングリから出てくる虫の数（脱出口の数）に、強い正の相関があった。これはどういうことだろう？（図5―11）

文献を探していると、コナラシギゾウムシがドングリから脱出して土の中で前蛹になった後、次の夏に全部羽化するのではないことがわかってきた。

北海道のミズナラに入るコナラシギゾウムシでは、休眠期間が一定ではなく、一年目に羽化するものもいれば、二年目に羽化するものも、さらに長い休眠をするものもいる。[※15]

さらに羽化を管理してミズナラを食べる三種のゾウムシを四年間追跡した結果、八〇パーセン

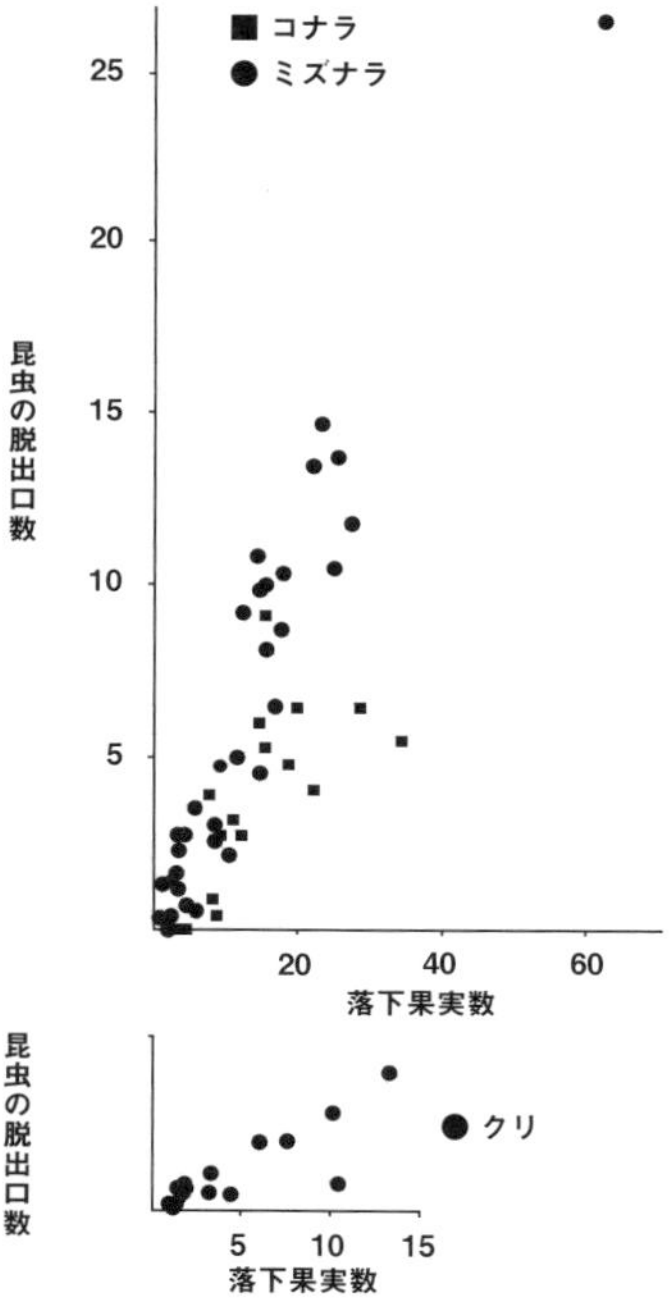

図5－11　ドングリの落下量とドングリで育った昆虫の数の関係。

ト以上が二年目に羽化し、少数だが三年目、四年目に羽化するものもいることがわかった。[※16]
また北茨城の小川学術参考林では、ドングリもドングリではないものも含めて、種子の落下量を長期間調べていて、虫害の評価もしている。ここでは、虫が一年丸々休眠して、二年目の夏に大部分が羽化して、新しいドングリに産卵すると考えると、虫害率の年変動を説明できるという。[※17]
そこで奥多摩でも同じように虫の脱出口と前々年のドングリの落下数とを比べてみたが、何の関係もない。奥多摩は、北海道、北茨城とはコナラシギゾウムシの休眠の仕方が違うのだろうか。
コナラシギゾウムシの休眠期間には地域差があって、温暖な地域では一年目に羽化するものが多くなるという。[※18] 奥多摩は、北茨城より温暖な地域ということなのか。そこで確かめてみた。

〈コナラシギゾウムシの休眠期間〉

豊作の年にはたくさんの虫が出てくるから、それを集めて腐葉土を入れた水槽に放り込んで、冷暖房のない部屋に置いて、乾かないように管理する。少し詰め込みすぎか、とも思ったが、気にしないで幼虫たちを放り込んだ。

幼虫たちはすぐにもぐり始めた。どんどん深くもぐって、二〇センチメートル下の水槽の底に達し、もっともぐろうとして水槽の底を齧った。プラスチックの水槽には、齧った傷がたくさんついた。さすがに穴を空けることはできず、あきらめて蛹室を作ったが、この深くもぐろうとする情熱は何だろう？

二年以上を過ごす場所を選ぶのだから、休眠中に病原菌や捕食者に会わないように深くもぐるのかもしれない。後にもう一度同じことをやってみたところ、腐植質の土壌を避けて、深いところの無機質土壌まで行きたいらしかった。無機質土壌を入れて、薄く腐葉土をのせて幼虫を放り込んだら、無機質の部分に達したところで、蛹室を作って落ち着いた。深さが問題なのではなく、無機質土壌を求めていたのだった。

一回目のときは、一年目に羽化するものがいて、幼虫がコナラシギゾウムシだったことを確かめただけで終わった。二回目はまだ二年目が終わったばかりだが、一年目に羽化したものが一五四、二年目が二一匹で、二年目のほうが少し多いが、同じくらいと思っていいだろう。これでは、前年、前々年のドングリの落下量と関係なくても仕方がない。こうなると北茨城の結果のほうが不思議だ。北茨城は、奥多摩より北海道に近いのだろうか。

コナラシギゾウムシは、休眠期間を変えてバラバラに羽化することで、ドングリの不作に遭っても、個体群が決定的なダメージを受けないですむ。ドングリも、何年も不作を続けることでしか、こんな虫の数を抑えることはできないだろう。そこまでしなくても、虫はドングリに入っても、ドングリを食べつくすことはなく、ドングリは胚軸さえ残れば、発芽する力は十分残している。

ドングリに入る虫はコナラシギゾウムシ以外にも多くの種類がある※15、18が、出てくる数はコナラシギゾウムシが圧倒的に多い。ハイイロチョッキリが切り落とした枝の数は、落下するドングリに比べて僅かだ。

またドングリに細長い穴を空けて、蛾の幼虫が出てくるが、その数はごく少ない。そして、これらの虫は、ドングリの種類をあまり気にしないようだ。クリは、果実の構造が違うために多少違う虫がつくが、共通の虫もいる。だから、種類の違うドングリが同調して結実変動をしなければ、一種のドングリの都合だけで虫を抑えることはできない。

ところが、同じミズナラ同士でも、同調はゆるく、ミズナラとコナラのあいだでは、もっとゆるい。奥多摩のドングリは、最大勢力のコナラシギゾウムシさえも、結実変動によって抑えてはいないが、そうかといって虫害が、ドングリの生き残りに決定的な影響を及ぼすほどになるのでもなさそうだ。

大型動物はどうか

鳥や哺乳類は長生きをするので、ドングリの出来によって、簡単に個体数が変わるとは思えない。昆虫のように長く休眠することもないので、ドングリのないほかの季節にはほかの餌を食べなければならない。ドングリはたくさんある餌のうちの一つに過ぎない。

日本の森には、ドングリ以外にもいろいろな果実が実るので、ドングリが少ないからすぐに飢えるとは限らない。とはいえ、ドングリがたくさんあれば食生活は楽になり、繁殖もしやすいだろう。そのことが、次の秋に実るドングリの生き残りに影響するかもしれない。

ツキノワグマは、秋に多量に実るドングリがないと、脂肪の蓄積が十分にできないので、子供が生まれない。しかし、大人のクマは行動圏が広いので、何らかの果実を食べられるだろうし、行動圏を広げて餌を探すこともできる。緊急時には、危険を冒して果樹にやってくることもある。冬眠期間を延ばして、エネルギー消費を減らすこともできる。そして、少なくとも大人のクマが、秋の餌不足で簡単に死ぬことはない。

ことは北米でも同じだった。ドングリが秋の重要な餌になっているアメリカクロクマの場合、ドングリが不作だと、行動圏を二〜三倍に広げるため、駆除数が増え、狩猟の成果も上がるが、駆除と狩猟による死亡を除けば、大人のクマの死亡率は高くはならない。※19 人が駆除・狩猟で殺す以外の死因での死亡率が、ドングリの不作のときに高くなるのは子供だけだ。

クマ以外の大型動物、イノシシ、ニホンジカ、ニホンザルも、ドングリが豊作の秋は、一時幸せな食生活ができて、脂肪もたくさん貯められる。しかし不作だからといって、大人が危機に陥るほどまで食糧事情が悪くなるとは考えられない。ドングリは、彼らの多様な餌メニューのうちの一つに過ぎない。

野ネズミには影響が大きいか

ドングリの結実変動の影響を受けて、個体数が増減する動物がいるとすれば、小型で行動圏が狭く、冬眠もせず、寿命の短いネズミ類ではないだろうか。だが、野ネズミは、ドングリにとっては敵であると同時に、貯蔵行動を通じて種子散布に貢献するから、その関係は、大型動物や昆虫のように、単純な敵対関係ではない。

野ネズミはドングリの結実変動に応じて、個体数が変わるだろうか。しかし野ネズミの個体数変動の記録は意外に少ない。

斎藤隆さんが掘り起こした北海道の記録（調査は営林署が行った）では、細かい季節変動と大きな年変動が重なって見られる[20]（ネズミの数はトラップ当たり、一晩当たりの数で表してある）。通常は春から秋に増えて、秋から冬にかけて減る。これは、春夏に繁殖し、秋冬は死ぬ一方だからだ。

野ネズミといっても、数種類いて、種類ごとに性質が違う。エゾヤチネズミはドングリを一方的に食べるだけと考えていい。また、種子だけに頼らないネズミなので、ドングリが多いときはドングリをたくさん食べるが、ドングリが少ないときでもあまり困らない。

四年周期の変動があり、大きく増えた後に激減するのが記録されている。冬の死亡率はネズミの密度の高さに比例し、これはおそらく餌不足とネズミの捕食者の影響が両方あるのだろう。餌が少なければ、餌を探して長い時間出歩き、捕食されやすくなるかもしれない。

ドングリを食べるだけでなく、貯食散布もするアカネズミとヒメネズミは、エゾヤチネズミほど数が多くない。それでも、一年の数の変動はエゾヤチネズミと似ていて、冬の減少は密度が高いほど大きい。これもネズミの捕食者の影響が大きいのだろうが、秋の密度が高くても、秋冬の減少が少ないケースが時々ある。

これはドングリが豊作だったときではないかと思って、別の場所で倉本恵生さんたちが記録したミズナラの落下量[※21]（一九八一年以降の記録）と比べてみたが、あまり関係がなさそうだ。ネズミを調べた場所と同じ場所の記録があれば、関係が見つかったかもしれない。

山形県のブナの純林では、ブナの豊作の翌年にアカネズミは増えており、岩手県の落葉樹林では、ブナまたはミズナラの豊作の翌年に、アカネズミは増えているようだ。[※22]

デンマークのヨーロッパブナの森では、ブナが豊作のときには、野ネズミが冬にも繁殖するという。[※23]冬の繁殖は、ブナ林の野ネズミだけで起こり、ほかの種類の森では起こらないから、多量のブナの実が引き起こしたものと言える。

北米でも、野ネズミはドングリが多いと生存率が高まるだけでなく、冬の繁殖が起こり、次の春・夏に個体数が多くなる。[※24]

山梨県の富士山麓のアカネズミ、ヒメネズミでも、個体数は冬に少なく春から夏に多くなる。[※25]個体数が一年で一番多くなるのは、八〜九月だが、その数は、アカネズミでは年によって差がある。この時期は、ドングリが実る前なので、これが種子量と関係があるのかどうかわからない。

秋の餌が多いと、春の繁殖が早くなり、繁殖も活発になるから、豊作の翌年にはネズミの数も増えるはずだ。しかし、このドングリ効果がいつまであるのかわからない。

ドングリは、生きていれば五〜六月には必ず発芽する。だから、しなびた子葉を掘り出して食べるとしても秋まで食べ続けることはできないのではないか。ただ、ミズナラの実生も野ネズミは食べるようなので、[※26]野ネズミはドングリから実生に餌を変えて食べ続け、秋までドングリに支えられるかもしれない。

もし増えた野ネズミがドングリを貯めて、そのネズミたちが秋冬に捕食されて死ぬのなら、その分貯蔵ドングリの余りは多くなるはずだ。秋冬に個体数が少なくなるのは、必ずしも死んだのではなく、分散していく個体もあるはずだ。だから、個体数変動のグラフだけからは、ドングリの貯蔵に対して、野ネズミの数がどう影響するのか推し量れない。

鹿児島の照葉樹林で定住個体の数を調べた例では、定住している野ネズミは、冬に少なくなるとは限らなかった。[※27]ほかの地域と違って、一年で秋が一番数が多い、というのも、ここでは当てはまらない。温暖な鹿児島の照葉樹林という特殊事情のためかもしれないが、野ネズミの個体数の調査方法によっては、冬の個体数が過小評価になっている、ということはないか。もし十分な貯蔵があるなら、あまり出歩かなくなって、調査用の罠にかかりにくくなることも考えられる。

ドングリが豊作で春の繁殖が活発になり、野ネズミが増えて秋まで生き延びたとしても、豊作の翌年にはドングリが少ないことが多いから、野ネズミは確実に飢えてしまう。野ネズミの寿命は、自然界では短く、春生まれの子供はドングリの味も知らないで死ぬかもしれないし、豊作でも、ドングリは初めて会う餌だという個体が大半だろう。

もし凶作で野ネズミが減ったために、次の秋のドングリのうち、野ネズミに食べられる分が減るのなら、ドングリの生き残りは増えるかもしれない。しかし、野ネズミはドングリを食べるのと同時に種子散布してくれる動物だから、野ネズミが減って、彼らの貯蔵するドングリが減るのは、ドングリにとっていいことではない。

凶作で野ネズミが一時的に減っても、次の秋までに別の餌が増えて野ネズミが増えることもありうる。実際、数十年に一度、ササが一斉に実るときは、野ネズミは多量のササの実を食べて、秋までに数が増えることがある。

これは稀な出来事だが、秋の実りだけで次の秋の野ネズミの数が決まらないことになる。だとすれば、ドングリが結実量を変えても、それだけで野ネズミの数と食欲と労働を、制御できるわけではないことがわかる。

アカネズミ、ヒメネズミとも、メスの行動圏はあまり重ならない。[※28] これは、縄張りがあることを想像させる。縄張りがあるなら、野ネズミの密度はあまり高くなることがなく、ドングリの豊凶が野ネズミの数を動かしたとしても、その増減の幅は限られた範囲に収まるのではないか。

斎藤さんのデータでも、大きく数が変動するエゾヤチネズミに比べて、アカネズミとヒメネズミは増減の幅が小さく、増えたときの数も少ない。[※20] 野ネズミの餌はドングリだけではないし、捕食者も多いから、ドングリだけで野ネズミの数を動かすのは難しそうだ。

ただ、ドングリのなる木は森で優占種になっていることが多いので、ドングリの結実変動は、森全体の餌の「総量」に大きく影響する。だから動物の食生活に影響しないはずがないとはいうものの、ドングリだけで動物の生死が左右されるほどでもなさそうだ。

では、結実変動を起こすことは、ドングリにとってどのような意味があるのだろうか。ドングリが結実変動するとき、豊作でドングリの量が多ければ、ドングリにとって単なる捕食者である大型動物を、少なくともしばらくのあいだ十分満足させて、なお余っているドングリを小型動物にたくさん貯蔵させることができるなら、ドングリの種子散布もうまくいき、ドングリの生き残りも多くなるのではないか。

この豊作を作るために、一年間で準備できる栄養では不足するなら、その前後に不作を作って、足りない栄養を埋め合わせる必要があるだろう。つまりドングリの不作は、豊作を作る代償なのではないか。

選ばれるために

コナラのドングリは乾燥重量で一グラム程度、ミズナラはその二倍以上の大きなドングリを作る。

森にはこのほかにオニグルミ、トチノキ、ヤブツバキなど、大きさも質も違う貯蔵用の種子が実って、動物はいくつかの種類の中から選ぶことができる。これらの種子は、大きさ（量）だけでなく、種子の貯蔵栄養の質、種子が自分を守るための物質（毒のこともある）も違う。このとき、動物は何を手掛かりにして食べる実を選ぶのだろうか。これはドングリにとって、生き残りを左右する重大な問題だ。

〈八王子の森のリス〉

東京都八王子市の森で、餌台からいろいろな果実・種子を持っていかせる実験をした。[※29] 餌台に置いた果実・種子は周囲にあるもので、動物には馴染みのものだ。餌台には、昼間はニホンリスとカケス、それにヤマガラ、ゴジュウカラもやってきた。夜にはアカネズミがやってきた。

餌台から、体の小さいヤマガラとゴジュウカラは、カヤの実とスダジイのドングリを持っていった。ニホンリスはオニグルミ、クリ、カヤをたくさん持っていった。大きいものが好みのようだが、大きくても苦いトチノキや、渋いドングリは無視された。

カケスは、クヌギのドングリをたくさん持っていった。カケスには硬いオニグルミは食べられないし、クリはリスがたくさん持っていくのであまり持っていけない。

昼間の餌台では、体の大きなニホンリスが好きなものを選び、カケスなどほかの動物は残りの中から選ぶ形になってしまう。カケスが一番たくさん持って行ったのはクヌギのドングリで、残りの中では一番大きい。コナラも少し持って行ったが、苦いトチノキは持って行かなかった。

あまり手をつけられないで残ったのは、イチョウ、トチノキ、ヤブツバキの種子、コナラ、アラカシ、シラカシのドングリ。苦いもの、渋いものは残されるが、ヤブツバキは苦いのだろうか。アカネズミは数の多少はあるものの、何でも区別なく持って行ったという。

コナラ属のドングリにはタンニンがたくさん含まれていて、渋い。タンニンがもっと多いと、苦く感じる。ドングリが、人にはそのままでは食べられないのは渋みや苦みがあるからで、私も生のドングリを食べてみたが、コナラやクヌギは何とか食べられる程度の渋みだったが、これでお腹を満たすほど食べ続ける気にはならない。

ミズナラのドングリは、苦みが強くて飲み込めなかった。トチノキの種子はサポニンを含んでいて、非常に苦かった。これらの物質は、単に味が悪いだけでなく、体にも悪い。動物が避けるのも当たり前だ。アカネズミが何でも持って行くことのほうが変である。

〈八ヶ岳の森のリス〉

どこのニホンリスも苦いのは苦手のようで、八ヶ岳の森でも、一番たくさん食べたのはオニグルミで、次にアカマツとカラマツ、そしてミズナラはほとんど食べていないという。[※8] 貯蔵したのも、一番多いのはオニグルミだった。

八ヶ岳の森では、大部分がカラマツの植林になっていて、そのあいだにミズナラの雑木林がある。一番たくさん手に入るのは、カラマツとミズナラだから、ミズナラがほとんど食べられないのは、苦いから避けたのだろう。

一方、オニグルミはどこにでもあるのではなく、木の数が少ない。そのオニグルミを、わざわざたくさん集めてくるのだ。

オニグルミは、大きく、脂肪分に富んでいて栄養価が高い。タンニンもほとんどなく、そのままでもおいしく食べられるが、殻はとても硬く、中身を食べるのは大変な作業になる。けれども、熟練したニホンリスは、一個を三～一五分で割ってしまうという。※30 この程度の労力で割れるなら、素晴らしい餌になる。

〈奥多摩のリス〉

ニホンリスはドングリを食べないのだろうか。餌だと思ってくれないのでは、ドングリにとって種子散布がうまくいかないではないか。奥多摩の森で落ちてくる、歯型のついたドングリの破片を作っているのは、リスではないのだろうか。

奥多摩、日原谷の奥には自然林があって、この中の標高一四〇〇～一五〇〇メートルにある落葉樹林で、私はドングリとは違う調査をしている。この森の調査地はミズナラの大木が数本、イヌフナやブナも混じる、多様性の高い森となっている。そして動物の気配が濃い。

九月末のある日、まだ果皮が緑色のミズナラのドングリの破片が頭上から落ちてきた。木を見上げると、ニホンリスがミズナラのドングリを食べている。辺りにはもう破片になった果皮が、かなりの量落ちている。それでもまだリスは食べ続けていて、果皮片を落とし続けている。木が高いからなのだろう、木の下から見上げている私にリスは気づいているはずだが、気にしていないようだった。

いつまで食べ続けるつもりなんだろう？　この年、ブナとイヌブナのドングリは実っていなかったから、ほかにリスが食べそうなものは、ウラジロモミとツガの種子があるが、それらの木の数は少ない。選択肢がなければ、リスも苦味が強いミズナラのドングリを食べるのだ。

苦いドングリは体に悪い

ドングリに含まれるタンニンは、少量なら食べても害はない。クリもスダジイのドングリもタンニンを含んでいるが、量が少ないので渋みは感じない。渋くない果実は、安心して食べてもいい。けれど、もし苦いほどタンニンの多いドングリを食べると、どうなるか。森で捕まえたアカネズミに、ドングリを食べさせてみた実験がある。[※31]

一五日間の実験のあいだに、コナラだけ食べさせた場合は八匹のうち一匹、ミズナラだけ食べさせた場合は八匹のうち六匹が死んだ。個体差もあったが、五日目までに体重が著しく減って、下痢もしていた。この原因がタンニンであることは、飼料にタンニンを添加して確認している。タンニンはタンパク質と結びついて消化を妨げただけでなく、腸のタンパク質と結びついて、これを剥ぎ取ったと考えられる。コナラはタンニンが少なかったので、死ぬ個体が少なかったらしい。人はドングリを水にさらして、タンニンを除いてから食べていた。タンニンさえなければ、良質なデンプン食なのだ。

野生動物がアク抜きをするはずがないから（貯蔵しているあいだにタンニンが減るのではないかという人もいたが、今では否定されている）[※32]、食べるなら、タンニンの害をなんとかしなければならない。少量、ほかの餌を補う程度に食べればいいのかもしれない。

ところが、私はミズナラのドングリを食べ続けるアカネズミに出会ったことがある。かつて飯豊連峰の沢を登って、飯豊山荘に下ってきたとき、山荘前の舗装された庭に生えたミズナラの木の下で、たくさん落ちているドングリを、昼間から食べるアカネズミがいた。私たちが近づくと一旦逃げたが、それ以上近づかないで静かにしていると、また出てきて食事を始めた。小さな体で、いったいいくつ食べる気だろう。当時は何の疑問も持たなかったが、このアカネズミの行動は、先の実験とは矛盾する。

先の実験でも、不思議なことにミズナラを食べていたネズミの中の一匹は体重が増していた。ネズミは周囲の森で捕まえたものだから、まだドングリに慣れていない個体と、慣れた個体が混じっていたのかもしれない。その後、ドングリを食べ慣れると、ネズミの唾液に特殊なタンパク質が出て、腸内細菌の中の乳酸菌の一種が増えてタンニンの分解に活躍しているらしいことが分かったのだった。[※33]

つまり、ネズミは苦いドングリに慣れれば食べられるようになるのだ。最初の実験では、急にドングリだけ食べさせたのが良くなかったのだろう。私が見た奥多摩のニホンリスも、タンニンの多いドングリに慣れていたのだろう。

動物はドングリを味で選ぶか

もし苦くない果実がたくさん食べられるなら、苦い果実は食べられないのではないか。アカネズミが何でも持って行くといっても、苦くないほうから先に食べるかもしれない。

岩手県ではトチノキの実とブナのドングリが実ったとき、先に落ちるトチノキの実を野ネズミは持ち去っていたが、ブナのドングリが落ち始めると、ブナばかり集めるようになったという。[※34]おそらく、トチノキの実は、その後の食事でも後回しにされ、たくさん残ったのではないだろうか。ただしことはそれほど単純ではなく、春にはブナが早く発芽するため、まだ発芽しないトチノキの種子を食べるというから、どちらが残りやすいかは一概には言えない。

コジイとコナラのドングリをアカネズミとヒメネズミに選ばせた実験では、選択肢がないときはどちらも食べて貯蔵したが、選べるときは、ヒメネズミは小さくても苦くないコジイだけを食べて貯蔵し、アカネズミは小さいコジイをその場で食べて、大きく渋いコナラを貯蔵したという。[※35]

北米でも、いくつか選択肢があるときには、リスがドングリを選ぶ。ニホンリスと違い、キツ

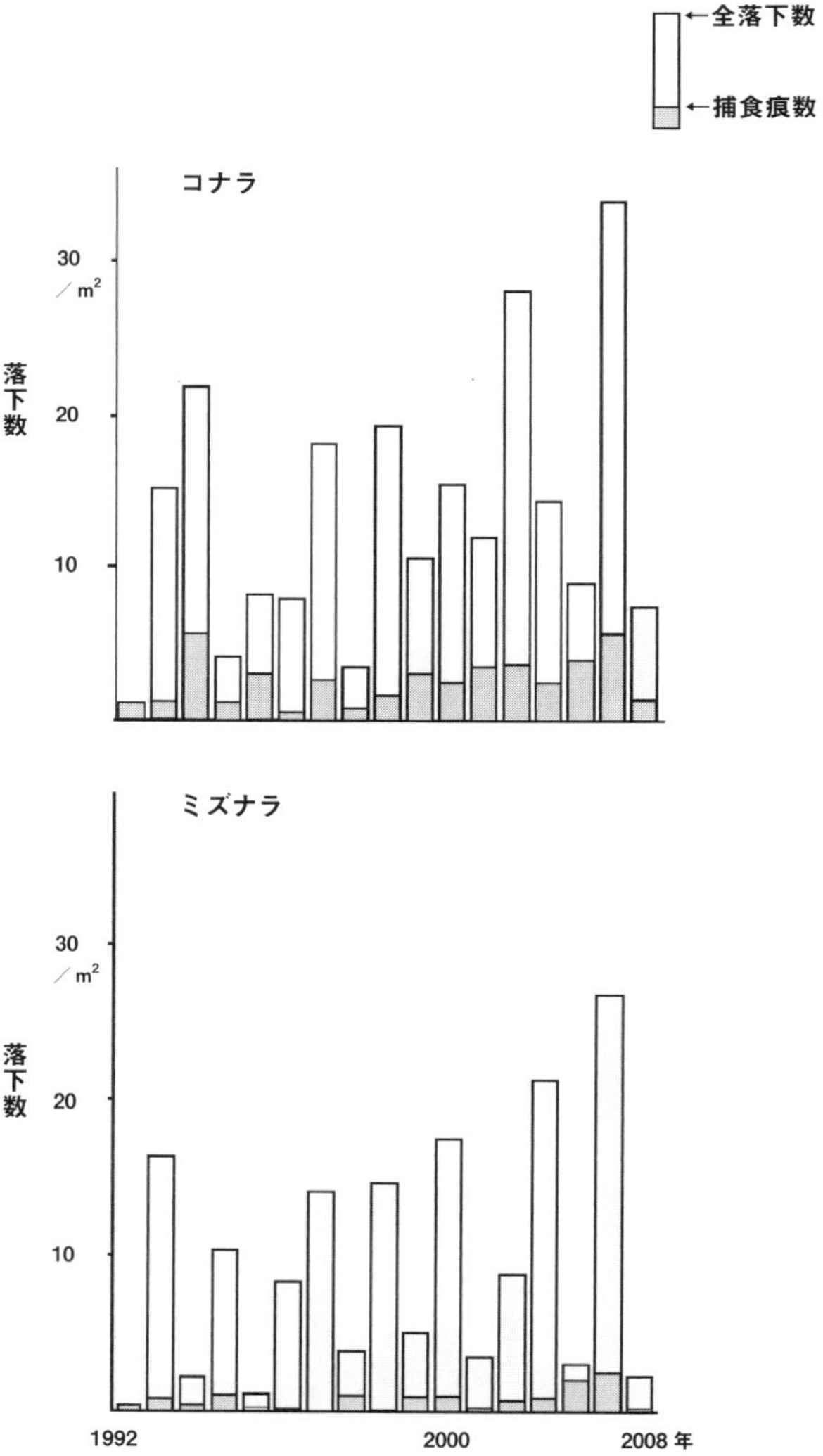

図５－12　食痕の落下数。コナラとミズナラでは、コナラのほうが食痕の落下が多い。

ネリスやハイイロリスは、殻の硬いクルミよりもドングリを好む。ドングリの選択基準は、味より大きさであるらしい。[※36] 北米には、高カロリーの脂肪分の多いドングリがあるのもおもしろい。

奥多摩でも、おもしろい結果が出ている。コナラとミズナラを両方見ている峰の記録で、小型哺乳類による食痕となって落ちるドングリの数を比べると、ドングリの出来にかかわらず、ミズナラよりコナラのほうがたくさん食べられていた。小さくても苦みの少ないコナラを選んでいる者が確かにいるのだ（図5―12）。

味と大きさで動物をあやつる

種子の大きさは、実生の生き残りに対する親の投資という枠組みで語られることが多いが、動物の捕食に対して動物を引きつける効果もある。ただ、大きなドングリはより多く食べられるので、大きければいいというものではないらしい。[※37] ドングリの立場で考えれば、優先的に貯蔵されて、食べるのは後回しになれば都合がいいはずだ。

しかし動物が何を選ぶかは、これまで見てきたように、その森でほかにどんな果実・種子が得られるかによって変わってしまう。奥多摩の雑木林では、ふつうはミズナラが多くてコナラが少なく、クリがちょっと混じるが、これらが別々に結実変動をすると、年によってたくさんある果実が変わる。動物にとってはクリが良くても、クリが少なければほかのドングリを食べなければならない。
クリが実るときと、実らないときでは、ミズナラの価値が変わる。峰の雑木林には、コナラとミズナラがあるが、歯の痕がある破片は、いつもコナラのほうが多い。小さいが苦みの少ないコナラを小型の動物も好んでいるのだ。しかし、コナラも貯蔵分まで優先的に食べられては困るのではないだろうか。

ドングリを食べる動物は、何種類もいて、種類によって寿命も食べ方も食べる量も違う。少なくとも奥多摩では、どれか一種がドングリに対して特別に大きな影響を及ぼすことはない。ツキノワグマもニホンジカもイノシシも、一頭がたくさんのドングリを食べるし、ニホンリス、野ネズミ、カケスは、多量のドングリを貯蔵して、そしてそれを忘れてくれるほどドングリに対して親切ではない（ドングリは貯蔵されて忘れてもらえることを期待できない）。動物は動物自身の都合で、ドングリを選んで食べているのだ。

しかしドングリも無闇に食べられるままになっていないことも、すでに少し述べた。餌として魅力的なドングリを作って動物を引きつけるだけでなく、大きさと味（タンニンの量）を変えることで、いくつかある餌の中から選ばせている。それでは、異なる種類のドングリがあるとき、どんなドングリが生き残りやすいのだろうか、もう少し考えよう。

選ばれやすさが変わる？

奥多摩の雑木林の樹木は多様性が高く、貯蔵する動物をいかに引きつけるか、樹木同士のあいだでも駆け引きが起こる。そこにどんな動物がいるかということだけでなく、そこにどんな樹木があるかによっても、どんなドングリが種子散布を成功させるのにいいのかが違ってくるはずだ。ドングリは、貯蔵されなければ、種子散布ができない。貯蔵用に選ばせて、食べ残しを増やすには、どうすればいいか。その答えが、今のドングリの大きさと形となって現れているのだろう。ドングリが使える手段は大きさと味だけではない。例えばトチノキは、ほかのドングリ類より落下時期を少し早めることで、貯蔵させて食べ残させるのにある程度成功しているように見えるのは、岩手県の森の観察で見た通りだ。

私が見ている奥多摩の森でも、コナラよりミズナラが少し早く落ちる。これはミズナラの生き残りに役立っているのではないか。

では、おいしいクリの落下がほかのドングリより早いのは、どんな意味があるのだろうか。結実変動が種間ではっきり同調しないのは、動物にはちょっと困る。秋の餌の選択肢が毎年変わることになるからだ。昨年の秋と今年の秋では、食べられる餌、貯められる餌の選択肢が違うのでは、動物は毎年餌の評価をしなおさなくてはならない。そのとき、手がかりになるのは、ドングリの大きさと味だ。

好みの餌が少ないなら、あまり好まない餌で埋め合わせなくてはならない。そのときにどんな果実があるかによって、果実にとっても、自分の持つ性質が有利にも不利にもなる。ドングリにとって、大きいことも小さいことも、苦いことも苦くないことも、同じ森でほかの樹木がどれだけ果実を作るかによって、時に有利になったり不利になったりすることになる。

ドングリは毎年変わる状況を、どこまで予想して合わせていけるのだろうか。毎年動物との関係も、ドングリ同士の関係も変わるのならば、数年間という短い時間でわかることは、あまりにも少ないと思う。

ブナ科の祖先の種子散布

ドングリの種子散布が小型動物の貯蔵行動に頼るものだとしたら、今ドングリを貯めている動物たちが現れる前は、ドングリはどうしていたのだろうか。中生代白亜紀後期を生きたブナ科の樹木、プロトファガケアがどんな生活をしていたのかは、まだわからない。

たくさんのブナのドングリを見ていると、時々翼の痕跡のようなものが出ることがある。これは過去の遺物が顔を出しているのではないだろうか。

ブナ属には、果実が丸くないことのほかにも原始的と思われる形が残っていて、例えば子葉を地上に開くという性質も併せ持っている。地下に埋められて地下から発芽するのに、大きな子葉を持ち上げるのは大変だから、ドングリは子葉を出さないで最初から本葉を出す、という考えが

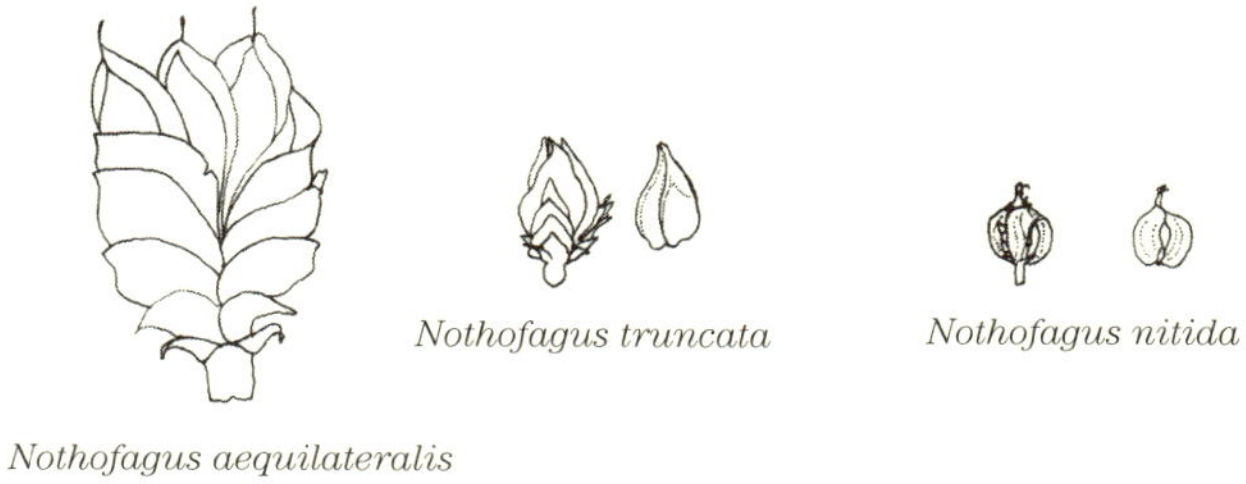

図5－13　ナンキョクブナ属の果実の例。三稜形で、翼を持つものもある。

あり、これは貯食散布に移行したことで発達したと言われる。ブナはその例外なのだ。

今、ブナ科のすべてが貯食散布なので、ブナ科だけ見ていたのでは、その前の状態はわからない。ブナに近くてブナではない南半球の樹木、ナンキョクブナには何か手掛かりがないだろうか。

ナンキョクブナ科の果実は、ブナ科よりも変化に富んでいて、殻斗がカップ型になった丸い果実がある一方で、小さくてはっきりした翼をもつ種もある。これは明らかに風散布だ。ナンキョクブナの生きる南半球には、真正の哺乳類が進化せず、より原始的な有袋類が進化したことと関係があるのかもしれない。ともあれ、風散布から貯食散布へと変わったらしいことが想像できる（図5－13）。

もう一つ、風散布から貯食散布へ変わったグループがある。マツ属だ。アカマツは風散布種子を作る。小さい種子本体に比べて大きな翼がついた種子を作る。松ぼっくりは種子が熟して乾くと、種鱗が開き、種子が落ちる。マツ属には同じような風散布種子を作る種がたくさんある一方で、翼のない、大きな種子を作る種もたくさんある。

ゴヨウマツは種子が少し大きくなっているのに、翼が小さいという中途半端な形をしている。ハイマツやチョウセンゴヨウは、さらに種子が大きくなって、翼をなくしている。ハイマツの松ぼっくりは、種子が熟すと種鱗がゆるむが、決して開かず、動物が動かさなければ種子が落ちることはない。

マツ属の種子は、風散布の小さな種子でも、動物には魅力があるので、食べる動物が多い。特に、丈夫な歯を持つリスやネズミは、硬い種鱗をかじり取って隙間の種子を取り出して食べる。残った松ぼっくりは「海老フライ」(図5−14)のような形になる。

マツの木があってリスがいれば、どこでもこの海老フライを見ることができる。アカネズミも海老フライを作るが、物陰に隠れて作るから見つかりにくい。海老フライは、スギやヒノキの小さな球果でも作られる。リスやネズミは、マツ属の風散布種子を食べるだけでなく、貯蔵もする。

小さい種子でも、小型動物にとっては我々が思うほど小さくはないだろう。また、マツの種子は貯蔵栄養が脂肪分なので、小さい割には高カロリーの上に、苦い毒物がないから餌としての魅力は十分だ。風散布用の種子でも、動物はよく食べているのなら、そこに同じ質で大きい種子があったら、大きいのを選んで食べるだろう。

つまり動物に運ばせるためには、ほかの性質を一切変えないで、種子を大きくするだけでいい。

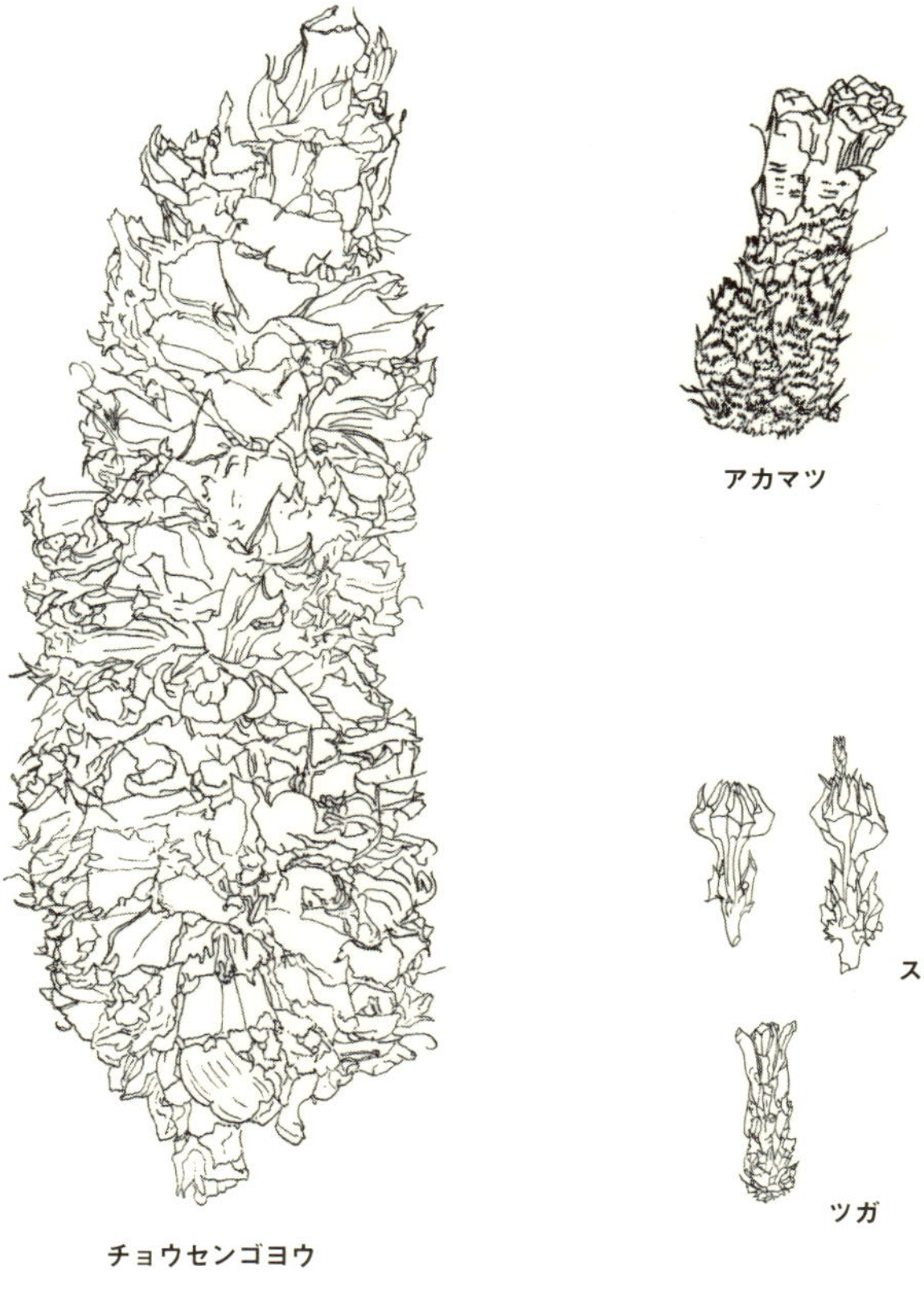

図5－14　球果類をリスが齧った食痕。硬い種鱗をかじりとって、隙間にある種子を取り出した。チョウセンゴヨウの種子は大きいが、アカマツ、スギ、ツガの種子は風散布で小さい。

これによって、種子は行き先不明の状態から、動物によって良い場所に運ばれるようになるので樹木にとっての利益は大きい。

食べられて無駄になる種子と、風散布で無駄になる種子と、どっちが多いだろうか。

多分、動物に運ばれるほうがうまくいくことが多かったから、マツ属には貯食散布をする種が、たくさん生まれたのではないか。ならばブナ科でも同じことが起こったと考えていい。そして要らなくなった翼は失われ、種子はさらに大きくなった。

ブナ科の果実の進化

ブナ科の果実、すなわちドングリが貯食散布に特化して以後、六〇〇種を超える種が生まれて北半球の森を作ってきた。その中で、それぞれの種が出会う動物たちと、同居するドングリとのあいだでの駆け引きの中で、似ていながら少しずつ違うドングリが生まれていくことになったのではないだろうか。

ドングリの特徴である殻斗は、少なくとも生長途中ではドングリ本体を被って保護している。ところが、殻斗がどこからできてきたものか、長いあいだわからなかった。それでも葉ではなく、茎のようなものが元になっているらしいことは、古くから認識されていた。

ブナ科の花は、非常に単純な形をしている単性花だが、元々七つの花を持つ二出集散花序から変わったもので、個々の花は両性花だったと考えられている。当然、花序の軸があるはずで、花序と殻斗の発生過程を丁寧に観察することで、殻斗が花序の不稔の軸だと結論されたのは、やっと一九八三年のことだった。[※38]

クリの殻斗は、クリが熟すと四つに割れる。この割れた破片の数と、花の数には規則性があって、破片の数は花の数より一個多い。[※39] クリなら、四つの破片に三つの花（果実）があり、北米のクリ、カスタネア・プミラなら二つの破片に一つの果実になる。

ブナは四つの破片に果実が二個になっているが、これは真ん中の花が退化したものだと考える（後に雄花序と発生を比べて、二つの花序からできたものと解釈しなおされた）。[※40] コナラのカップ型の殻斗は、一個の花に付属の二個の破片が融合したものと考える。

殻斗が割れる破片の数は、どうでもいいことのようでも、結構大事な形質なのだ。割れる位置では、殻斗の外側に付いた棘や突起の状態が違っていて、どこで割れるのかは、あらかじめきちんと決まっているのだ。

ブナ科には現在、クリ亜科、ブナ亜科、コナラ亜科の、三つの亜科が認められているが、それぞれの亜科で、花の数が減って殻斗が単純な形になるという変化が共通に起こっている。[※41]

カップ型の殻斗を持たないブナ科の実は、少数派だが、どうやってカップ型の殻斗が進化してきたかを知るには、少数派を知らなければならない。出来上がったものだけ見ても、手がかりがないのは、貯食散布の起源を考えたときと同じだ。

【コラム】ブナ科の分類と分布

ブナ科(現生 7 属)は、以下のように 3 亜科に分けられている。コナラ属はさらに 3 つの亜属に分ける。

ブナ亜科　ブナ属 *Fagus*（ヨーロッパ〜カスピ海沿岸、東アジア、北米東部）
クリ亜科　クリ属 *Castanea*（ヨーロッパ地中海沿岸〜カスピ海、東アジア、北米東部）
　　　　　シイ属 *Castanopsis*（ヒマラヤ〜東アジア、マレーシア高地に種類が集中している）
　　　　　マテバシイ属 *Lithocarpus*（大部分がヒマラヤ〜東アジア、北米西部に 1 種）
　　　　　トゲガシ属 *Chrysolepis*（北米西部に 1 種）
コナラ亜科コナラ属 *Quercus*
　　　　　　コナラ亜属 *Quercus*（北半球温帯全域）
　　　　　　アカガシ亜属 *Cyclobalanus*（ヒマラヤ〜東アジア）
　　　　　　アカナラ亜属 *Erythrobalanus*（北米）
　　　　　　カクミガシ属 *Trigonobalanus*（東南アジアに 2 種、コロンビアに 1 種）

コナラの花。

クリ亜科には、トゲガシ属という、外見はクリのようで、殻斗の破片が五つあり、さらに内側に三つの果実の仕切りになる二つの殻斗片もあるという変わった種類がある。これが原型になって、クリ属、シイ属、マテバシイ属が生まれ、カップ型の殻斗は、マテバシイ属の全部の種とシイ属の一部の種に見られる。

南半球にあるナンキョクブナ属は、Forman さんの時代にはブナ科に含まれていたので、一緒に考えられているが、殻斗の破片が四つで果実が三個のものから、カップ型の殻斗を持つもの、さらには殻斗が消失したものも生まれた。

ブナ亜科はブナ属だけで、殻斗の破片四個、果実二個の同じ形をしている。

コナラ亜科は、すべての種がカップ型の殻斗を持つコナラ属と、コナラ属の祖先形と考えられるカクミガシ属がある。

カクミガシ属は現在、三種しか生きていないが、殻斗の破片と花の数に変化が大きく、同じ種でも殻斗の破片数と花の数が違う場合もある。

Forman さんは、「仮想的な祖先」を仮定して、そこから今あるすべての形を導けるのだ、とした（図5－15）。

Forman さんとは別の進化経路を提唱する人もいるが、どの場合でも、祖先形は三角錐（三稜形）の小さい果実を殻斗が被う形から、カップ型の殻斗を持つ丸い果実に変わっている点に変わりはない。そして一個の果実にカップ型の殻斗がつく形は、あちこちから独立に進化している。

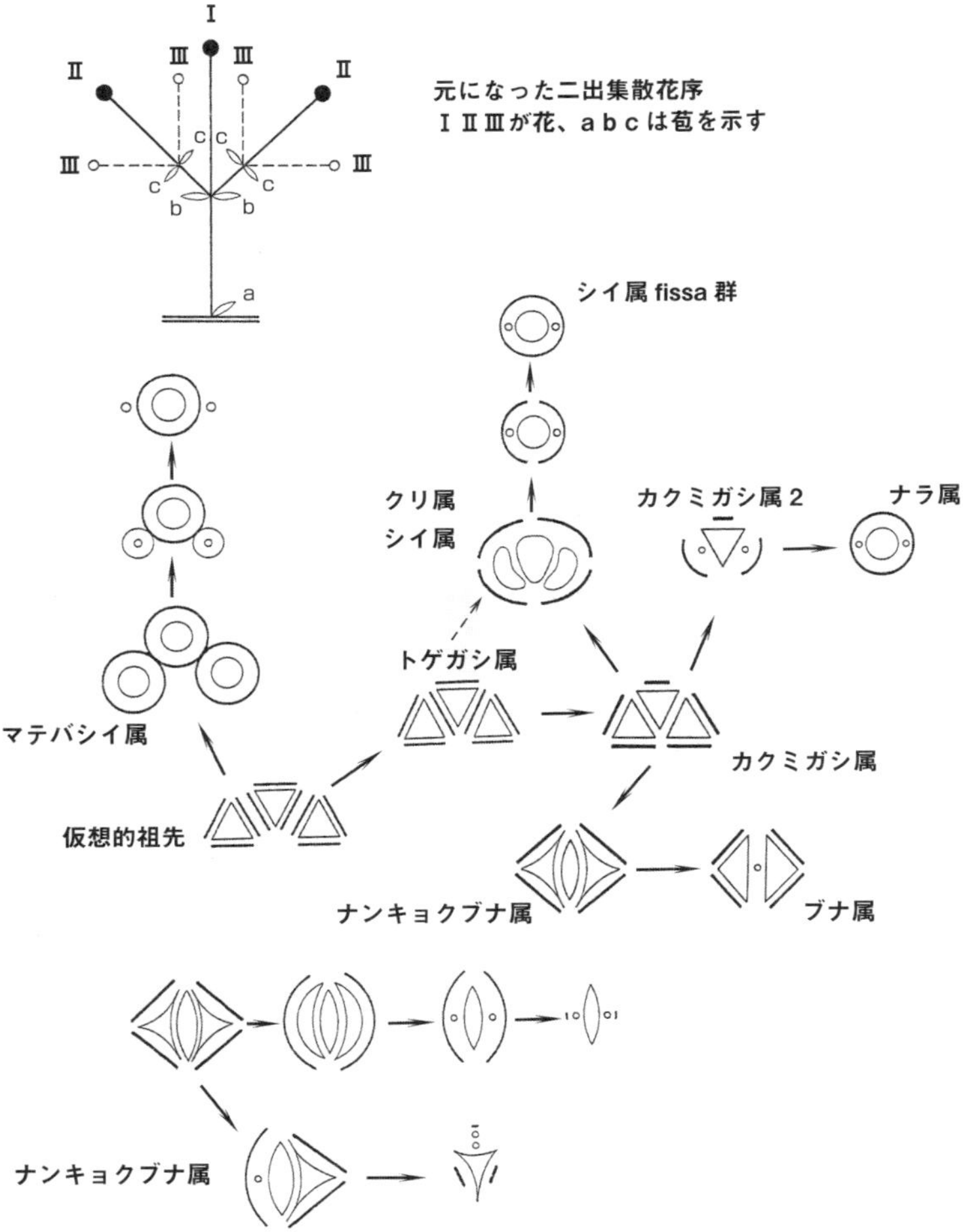

図 5 − 15　ブナ科の果実の進化経路の推定（Forman 1966 を改変）。

マテバシイ属の殻斗は、コナラ属の殻斗とは、形が似ていても、できてくる過程が違っていて、個々の花に付属の器官なので一緒にはできない。※[41、42]

しかしマテバシイ属とコナラ属でブナ科の種数のほとんどを占めてしまうのだから、丸いドングリとカップ型の殻斗は、ドングリの機能を果たすためには、合理的で洗練された形なのだろう。

南太平洋には、果実の外見がブナ科にそっくりなバラノプス科の木がある。※[43] 殻斗に見えるのは総苞で、ブナ科の殻斗とは違う葉のような器官であり、果実も堅果ではないが、こんなに似た形になるのは、同じような機能とかかわってできてきた形なのではないだろうか。

形の経済

ブナ科の中で実が丸くないのは、ブナ属、カクミガシ属及びトゲガシ属で、どれも三稜形をしている。そしてどちらも原始的な形を残すグループと考えられ、果実の大きさも、ブナ科としては小さいほうだ。さらに、子葉を地上に開く性質も、この三つの属は保持している。

三稜形の「稜」の部分に翼を持つ風散布の果実が、貯食散布に移行して、果実が少し大きくなり、翼を失ったらこんな形になる。初めに翼があったかもしれないことは、ブナが時々小さな翼のようなものを作ることがあるので、無理な推定ではないと思う。

また、果実が一個ずつ独立しているのは、成長途中での昆虫の食害を制限することになる。一つの殻斗に二個以上の果実を包むブナ属やクリでは、果実が成熟する前に侵入して中身を食べる昆虫が、果皮に穴を開けて隣の果実に移動し、二個以上の果実を食べていることがある。一つの殻斗に一個のドングリにしておけば、虫は二個目のドングリに移動しにくくなる。では、なぜ丸くなったのか。

三稜形の果実は、同じ大きさの丸い果実に比べて容積が小さいから、中身の量で動物が選ぶとき、丸い果実よりも劣った餌だと思われてしまう。その割に、丈夫な果皮が、全体の重さの中で大きな割合を占める。ドングリにしてみれば不経済なつくりだ。

丸い果実は、最小限の果皮で大きな容積になる。殻斗も、最後まで全体を被うよりは、柔らかい部分だけ被っておくほうが経済的だろう。ドングリが成長するとき、最初に殻斗の中で横幅を作っておいて、殻斗の外に出た果皮を硬く完成させながら、殻斗に被われた部分を柔らかく保って引き続き縦方向に成長する。殻斗の節約と、大きなドングリを作ることをうまく調和させるやり方だ。細長いドングリは、殻斗の節約を、もっと進めたものかもしれない。

ハイイロチョッキリやコナラシギゾウムシがドングリに産卵するとき、殻斗の上から産卵のための穴を開けるのは、このことを知っているからだ。

もしもこれでは食害を減らせないときはどうするか。マテバシイ属には成熟してもほとんど全体が殻斗に被われている種類があることが、その答えだろう。カップ型の殻斗でも、ドングリ全体を被ったまま成熟することはできるのだ。これでは節約にはならないが、それには強力な歯を持つ種子食動物がいるという特殊事情があるのだろう（図5―16）。

ドングリが大きくなったわけ

種子散布に動物の貯蔵行動を利用するとき、果実の大型化が必要になるのは、同じように動物の貯蔵行動を利用する、ほかの植物の存在を抜きにしては考えられない。小さい果実は、小さいというだけで動物にとっての魅力は劣るが、小さくてもほかに良い果実がなければ、十分魅力的だからだ。

また動物も、魅力の劣る果実に手を出さなくても生きていけるならば、果実を選ぶことができる。果実の価値は、動物にとっては相対的なもので、選択肢のなかから何を選ぶかは、どんな選択肢があるかによって変わる。

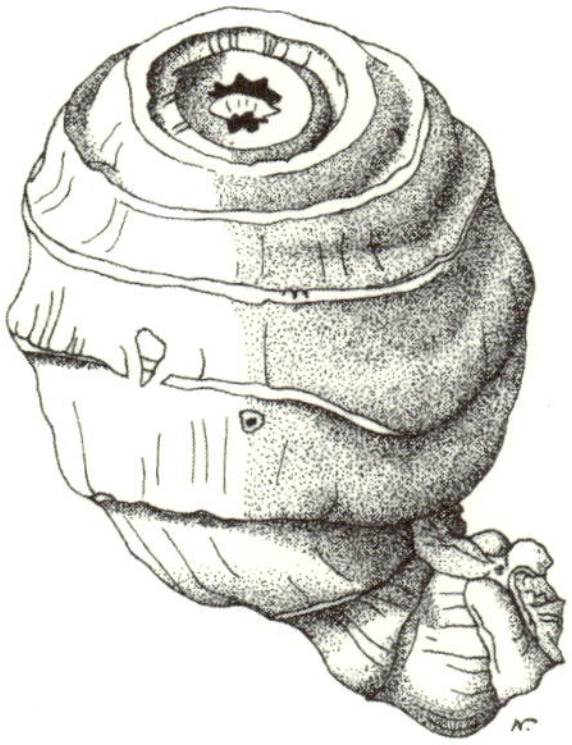

図5－16　大きなマテバシイ属のドングリ。全体が殻斗に被われている。（ボルネオ島、キナバル山、乾燥重量22.6g）。

東アジアの森のドングリの進化

現在のブナ科の分布を見ると、東アジアにマテバシイ属約三〇〇種、シイ属約六〇種の大部分が集中している。コナラ属アカガシ亜属も、大部分がこの地域にある。カクミガシ二種も、この地域の山地に生き残っていた。

これらのドングリはすべて常緑性で、季節変動のある温暖湿潤な気候の下で生きている。季節変動がある、というのもドングリの性質を決めるのに大きな役割を果たしたはずで、動物にとって、食物量が季節変動するということが、長期の貯蔵行動を促したのではないだろうか。

この地域には昆虫も哺乳類も種類が豊富で、ドングリにとっても、敵も運び手も多様な相手がいるから、さまざまな対応が可能だっただろう。何種類ものドングリが共存すれば、ドングリ間での、選ばれるための変化も起こり易いのではないか。

東アジアのドングリには、もう一つ大きな特徴がある。それは、マテバシイ属とシイ属が虫媒花をつけるということで、乾燥地に広がったコナラ属と冷温帯のブナ属が風媒花であるのと、ちょっと様子が違う。虫媒花といっても、花は簡単で地味で小さく、香りが強いものだ。送受粉は、果実の形とは直接関係ないが、結実変動と結びつけて論じられることがある（このことは後で詳しく述べる）。

前述のようにマテバシイ属とシイ属のドングリは、含まれるタンニンの量が少なく、渋くない。これらのドングリのあいだでは大きさだけで勝負していることになる。ただ、マテバシイ属、シイ属はタンニンを作らないのではなく、葉っぱにはタンニンがたくさん入っている。だから、これらの属のドングリが渋くないのは、わざわざ渋を抜いてドングリを作っているからなのだ。これが動物に対する魅力作りでなくて何だろう。

ではコナラ属はなぜ、ドングリにもタンニンを入れて渋く作るようになったのだろうか。タンニンがあることで食べられずに残り易くなるとしても、貯蔵するときに選ばれなくては意味がない。

けれどもこれまで見てきたように、ドングリの種類が多いとき、渋くないドングリよりも先に実れば渋いドングリでも貯蔵されて、しかも食べるときは渋いので後回しになる。また、動物の種類が多いときには、渋いドングリを選らばざるをえない動物がいるかもしれない。選び方の違う動物がいることが、渋いドングリも作り出したのだろうか。

栄養と渋味の多様化

ドングリの質の違いには、もう一つ、貯蔵栄養の質もかかわる。ドングリは大部分がデンプン質だが、脂質に富んだドングリもある。温帯に広く分布するブナ属と、北米で進化したコナラ属アカナラ亜属だ。ブナのドングリは小さいが、貯蔵栄養が脂質なので大きさの割に高カロリーで、渋味もないから動物には好まれる。

北米には、デンプン質で苦味が弱いコナラ亜属と、脂肪分が多くて高カロリーだが苦味の強いアカナラ亜属が共存する。[※4]

どうやら、動物の好みは、ドングリの「大きさ」「カロリー」「苦味」とのあいだで揺れ動いている。北米にはリスやネズミの種類数が多く、同じ場所に何種類かのリスが生活しているから、ドングリにもさまざまな対応ができるのだろうし、貯蔵させる相手を選ぶ余地もあるのかもしれない。

一方で、ドングリをただ食べる動物も、クマ、シカなどの大型哺乳類はもちろんのこと、鳥にもカケス、ハト以外にシチメンチョウのような大きな鳥がいる。ドングリをめぐる関係は、相当に複雑怪奇なのだ。アカナラ亜属は、このような複雑な関係の中から生まれた。

動物が多様であれば、動物によって選ぶ基準が違うことはあるだろうし、動物同士の力関係で、一番いいものを取れず、質の劣るものを選ばざるを得ないこともあるかもしれない。この動物間の取り合いの中から、ドングリが質を変えて特定の動物により多く選ばせることもできるだろう。

ドングリは、動物の多様性によって、多様になっていったのではないか。

高尾山麓のクリ花。中央よりやや左の上部にニホンミツバチが見える。

ミズナラの実生。奥多摩の調査地、月夜見山にて。

6章　結実変動があるのはなぜか

結実変動が起こる原因を探る

ドングリは結実量が変動する。3章で見たように、奥多摩のドングリの結実量も大きく変動している。5章では、結実変動が動物の生活にどのように影響するのかを考えた。ここではドングリの側から、なぜ結実変動が起こるのかを考えてみる。

果樹になり年（豊作）と裏年（不作）があることはよく知られている。一年おきに豊作と不作を繰り返す隔年結果が起こり易いため、毎年の収穫量を安定させるような管理が求められる。なぜ結実変動が起こるのかを考えるとき、その年の気象条件に影響を受けるのではないかとは、誰でも考えるだろう。実際、作物の収穫量は大きく気象の影響を受けている。

果樹もドングリも、気象の影響を受ける。しかし、イネや麦のように、発芽から長くても半年で収穫する短命な草と違い、はるかに長生きする樹木の果実や種子の生産量は、気象だけで単純に決まっているのではないことは3章でも述べた。

長生きの樹木でも、すべての活動の元になる光合成生産は気象の影響を受ける。その年が寒かったり、日照が少なければ、光合成生産が少なくなる。そのとき樹木が個体の維持を優先させれば、繁殖に向けられるエネルギーは少なくなり、花や果実は減るだろう。とはいえ、花芽を作ってから開花し、果実が成熟するまで長い時間がかかり、そのあいだに気象も変化する。いったいどの時期の気象がかかわっているのか、特定するのは難しい。

例えば、コナラのように春に花が咲く場合は、遅くともその前の年の秋には花芽ができている。そして冬が過ぎて春に開花して、果実が成熟するのはその年の秋になる。クヌギやアカガシではさらに時間がかかり、果実の成熟は開花の翌年の秋だ。つまり花芽ができてからドングリが実るまでに、コナラは丸一年、クヌギは丸二年かかる。このあいだに果実の量を左右するポイントはたくさんある。

まず花芽を作る段階、ここでいくつ花を作るか決めたら後で増やすことはできない。次に開花のとき、天気が悪くて受粉がうまくいかないと、そこで終わってしまう花が多くなる。

次に果実の成長する、初夏から秋までの光合成生産が少ないと成熟できないものが増える。光合成生産が少なければ防衛に手をかけられないことも起るだろう。そうなると、花や生長途中の実が虫にたくさん食べられてしまうかもしれない。昆虫の数も気象の影響を受けるだろう。

果実が成熟する前に果実を減らす要因はとても多い。

結実の周期は、気候の周期とは直接結びつかないだけでなく、気候変動の大きさは、ふつう数十倍以上の結実量の違いを説明できるほど大きくはない。

ドングリの結実変動が注目を集めたのは、ドングリが大きくて出来具合が感覚としてつかみ易いことのほか、家畜の飼料に使っていたことも関係しているだろう。だからドングリ類を指す「マスト mast」が、結実変動を表す言葉に使われた。

ところが、3章で見たように、奥多摩のドングリは、変動の大きさだけ見ると、あまり大きくない部類になる。これはなぜだろうか考える前に、ほかの樹木はどのような変動をしているのか、そしてその樹木がどんな背景を持って結実量を変動させているのか、考えてみよう。

結実変動の多様性

世界中で、さまざまな植物が毎年実る果実の量を大きく変動させている。樹木が結実変動をするのなら、果樹の管理をする上でも、育林をする立場からも、変動の有り方を知っていたい。そして、できれば変動を管理したい。結実変動は、その不思議さだけでなく、実用的な視点からも注目されてきた。

ここでいう結実変動とは、樹木個体の問題ではなくて、個体の集まりである「個体群」が起こす現象を指す。さまざまな種類の樹木での情報が集まってくると、結実変動のあり方にもいろいろなパターンがあることがわってきた。

一番極端な場合は、個体群が同調して繁殖し、まったく種子を作らない年と、多量の種子を作る年があるというもの。ただ、これに当てはまる樹木は少なく、ふつうは個体群の作る種子の量が大きく変動しても、種子が全くできないということは少ない。奥多摩のドングリも、特別な事情がある場合を除けば、全部の木が一つのドングリも作らなかったことはなかった。

さまざまな情報が集まってくると、結実変動という現象の中には、種子を作る量が違うだけでなく、かなり異質なものも混じっていることがわかる。

〈熱帯林の一斉開花〉

熱帯林ではたくさんの種類の樹木が一度に開花して実を結ぶ、一斉開花という現象が知られている。東アジア熱帯では、気温も雨も季節変化がほとんどなく、植物は常に活動的でいられる。だから、ここでの一斉開花は、季節では決まらない。

樹木は何年も花を咲かせずに過ごしていて、突然にたくさんの種類の樹木で開花が始まり、それが一年くらい続く。一年という時間の単位さえない熱帯雨林で、数年に一度の開花を、植物はどうやって決めているのだろうか。

ボルネオ島ランビルでは、僅かな温度低下が引き金になって、一斉開花が始まると考えられたこともあったが、今はちょっとした乾燥が引き金になっているという考えのほうが有力だ[※1]。

この乾燥はエルニーニョの始まる頃に起こり易い。熱帯雨林の一斉開花・一斉結実は、一年という時間単位があって、決まった季節に開花・結実しながら毎年の結実期での果実の量を年によって変えているドングリの結実変動とは異なる現象だ。

〈タケの一斉開花・結実〉

もう一つ、有名なのがタケとササの一斉開花と結実だ。タケとササは一生のあいだに何度も繁殖する樹木と違い、一生に一度繁殖して枯れる。それまではひたすら生長して桿をたくさん増やしている。その生長期間が数十年から、時には一〇〇年以上かかる。

日本のマダケでは、一二〇年に一度開花して枯れたことが、記録されている。このとき、日本から株分けしてアメリカに植えられた株も、同時に繁殖して枯れたというから、体の中に厳密な時計があって、同じ種子から生まれた株で時計を共有していた可能性がある（ただし、この場合は地下茎で広がったクローンなので、同じ個体が巨大になっただけかもしれない）。

タケの開花に関する情報を丹念に集めてみると、タケの仲間が全部そのような一斉繁殖をするのではなく、いろいろな場合がある。[※2] 数十年の間隔で結実するものばかりではなく、一〇年以下の結実周期を持つものもあるのだ。

同じ個体に由来するクローンが厳密に同調して開花したとしても、別の個体が同調するとは限らない。実際、近くにある別のクローンでは開花周期が同じでもずれて開花している例がある。また開花年齢を決める時計を持っていても、個体によって時計がずれていれば、別の年に生まれた株が混じり、だんだん開花が同調しなくなるはずだ。

タケ類の記録は、結実の間隔が長いので、古い記録に頼ることになり、同じクローンかどうか、同じ年齢かどうかは検証のしようがない。時には、種自体が正しく記録されているかどうか疑わしい場合もあって、解釈が難しい。しかし一生に一度の繁殖というのが本当なら、ドングリとはまったく違う生き方をしていることになる。

それでも一斉結実で、一度に多量の種子が実ることで、動物を引きつけ、たくさん食べられても有り余ることはあるだろう。そこでJanzenさんは、タケの実を食べる動物と、その行動を検証しようとしている。

しかし、現実には自然が破壊されていて、動物の行動がどんな効果をもたらしたのかは不明な点が多い。しかも、タケが多量に実っているところに、さまざまな動物が集まってくるのだが、彼らがどうやって実っている場所を探し出すのかはわからない。

一生に一度の繁殖ならば、失敗してもやり直しはできないのだから、いつ繁殖するかのタイミングは重要だ。ほかの個体が開花していないときに開花すれば完全に無駄になるので、個体間でかなり厳密にタイミングを合わせる仕掛けがなければならないだろう。

実を食べに何種類もの動物が寄ってくるから、食べつくされないだけの多量の実を作る必要もあるだろうし、そもそも長い期間繁殖しないで一回限りの繁殖に全力を集中するのは、かなり危険なことではないだろうか。なぜこんな生き方を選んだのか。

こうしたタケの一斉開花は、ドングリの結実変動とは異なる現象だが、多量の種子の行方を左右するのに種子を食べる動物が鍵を握るという点は共通だ。

〈同調繁殖〉

結実変動が、ある広がりを持った地域で起こるのは、個体間で同調して結実変動をしているからだ。個々の樹木が結実変動をしていても、それぞれの個体がバラバラに変動していれば、森全体や地域では変動が均されて、毎年同じだけ実っているのと同じことになる。

同調繁殖は、特別なことではない。温帯〜寒帯に生きる樹木には、はっきりした季節変化を伴う、一年という時間単位があって、現にすべての植物が温度や日長を手がかりに、決まった季節に開花し、結実するという同調繁殖を毎年繰り返している。繁殖の季節を決めるのは、送受粉や種子散布に適した季節を選んでいるからだが、その結果、同調開花・同調結実が保証される。

温帯〜寒帯で起こっている結実変動では、一年より長い間隔でたくさんの果実を作りたい理由があって、個体が結実量を変動させる。これが基盤となった上で、さらに結実量変動を個体間で同調させたほうが良い理由がなければならない。その理由は、現実に同調繁殖している樹木の、同調の広がりや豊作の間隔を説明できなければならない。

〈同調繁殖の広がり〉

同調繁殖の広がりは、時にはたいへん印象的なものになる。地域の繁殖データを集めて統計処理をすると、北極圏の針葉樹では、モミ属で五〇〇キロメートル、マツ属では二五〇〇キロメートル離れた地点間で同調繁殖が検出されている。※3 ほとんど大陸全体に及ぶ広さだ。

この類の話では、ブナの豊作が日本全国で一斉に起こるという、根拠のない話が流布していたが、私の乏しい経験からでも、奥多摩と新潟のブナは、同時に豊作にはなっていない。広域できちんと比較した場合、同調する範囲はもっと狭く、東北地方でも東北北部、秋田中央、東北南部の、三つの同調ブロックに分かれているようだ。[※4]北海道のミズナラには、もっと狭い地域性があるようだが、[※5]水井憲雄さんのデータは個体に基づくものなので、地域個体群がどうだったのかはわからない。

〈結実変動の周期性〉

結実変動はまた、隔年周期だけでなく、もう少し長い周期性があるように見えることもある。それで樹木の種類に固有の周期を探した人は多い。例えば、下記は北米のコナラ属で調査し、分析したものだが、結果はいろいろだ。

・コナラ属：六〜一二年間の観察で二年周期[※6]がある。
・コナラ属：八年間の観察で二年周期、三年周期、四年周期[※7]の種がある。
・コナラ属：一二年間の観察で、個体には種固有の周期があるが、個体群にはない。[※8]
・コナラ属：周期性のある個体群と、ない個体群がある。[※9]

そしてこれらの調査報告に載せられた結実量のグラフを見ると一見周期的には見えないものが多く、周期的に変動するように見える年が続くときと、そうではないときがあるようだ。日本のブナでは、豊作の間隔は五〜七年で、周期は多少ブレることが知られている。だから、結実変動に周期性があっても、その周期は厳密なものではなく、多少不規則に動くものなのだろう。

奥多摩のミズナラも似たようなもので、弱い二年周期があるが、その周期は時々乱れる。コナラとクリには周期は見つからない（表6－1）。

結実変動の要因は何か

なぜ結実変動をするのか、これには二つの方向から答えることができる。一つはどのような仕掛けで起こるかというもので、「至近要因」を探るもの。もう一つは何のために起こるかという方向で、「究極要因」を探ること。

至近要因は究極要因を実現する手段だから、それだけでは説明できたということにはならない。しかし究極要因は確認するのが難しい、もしくは証明することができないので、どこまでも仮説ではあるが、証拠を固めて、より確実な仮説にすることはできる。

生物が生きる究極要因は、成熟するまで生き残る子供の数を少しでも増やすことだ。

一方で至近要因は、熱帯林の一斉開花でも述べたように、気温や

表6－1　奥多摩でのドングリ落下量の自己相関（数値は相関係数、★★は0.01レベルで有意相関、★は0.1レベルで有意、NSは有意ではない）。

種明（場所）	1年前	2年前	3年前	4年前
コナラ（峰）	−0.283 NS	−0.018 NS	0.317 NS	0.433 NS
ミズナラ（峰）	−0.633 **	0.511 *	0.066 NS	−0.214 NS
ミズナラ（倉掛尾根）	−0.351 NS	−0.099 NS	0.304 NS	0.021 NS
ミズナラ（月夜見山）	−0.312 NS	0.286 NS	−0.108 NS	0.379 NS
クリ（倉掛尾根）	−0.346 NS	0.417 NS	−0.313 NS	0.162 NS

乾燥などの気象の変動が、個体群が同調して繁殖するシグナルになっていて、広い地域で一斉にたくさんの種子が作られる、と考える人は多い。特に大陸全体に及ぶような広範囲の同調繁殖を引き起こすには、気候変動のほかには至近要因は考えられない。

一九九〇年代、結実変動を起こす究極要因についての理解が大きく進んだ。なぜ結実変動を起こすのかについての仮説もたくさん生まれた。下記は Kelly さんがまとめたもので[※10]、彼に従って全体を見てみよう。

仮説①【風媒花の受粉効率】

風媒花は、周りに同じ種の植物がたくさん開花しているほうが、受粉がうまくいくと考えられる。空中を舞う花粉は、花粉を出す植物から遠いほど少なくなって、あまり遠いと届かない。花粉が届くところにほかの個体がいて同時に開花していないと、せっかく作った花粉も胚珠も無駄になる。花数も多いほうがいい。だから、少しずつ花を咲かせるよりも、みんなで一斉にたくさん花を咲かせたほうが無駄が少なくなって、効率よく繁殖できる。

大きな結実変動をする樹木のうち、多数を占める針葉樹や、ドングリのなる木のほとんどが風媒花なのは、このためではないか。特にマツのように、受粉した胚珠が多いのか少ないのかにかかわらず、大きな松ぼっくりを作る場合、受粉の効率が悪いと無駄が多くなるだろう。

仮説②

【捕食者飽食】

捕食という言葉は、ふつう逃げ隠れする生きた動物を捕まえて食べる場合に使われるが、植物食でも、種子を食べるときには使われることがある。種子は動物にとっては栄養の詰まったごちそうだが、植物にとっては大事な子供だ。種子を食べつくされれば子供を残すことができないし、食べつくさなくても、生き残る機会が小さくなる。

樹木が逃げる手段を持たない種子を、敵である動物から逃れさせるにはどうすればいいか。もし種子量を大きく変動させれば、種子が少ないときに、動物の数が少ない餌に見合う数に減るのではないか。そこで突然多量の種子を作れば、動物はいくら食べても食べ切れないから、たくさんの種子が捕食を免れて生き残り、植物の繁殖はうまくいく。結実変動の大きさは、大きいほうがいい。

この仮説が成り立つには、種子を食べる動物のふるまいが重要で、種子生産量によって、種子を食べる動物の数がどうなっているか知らなければならない。しかし多くの動物は一種類の種子だけを食べるのではないし、一種類の種子に対して、その種子を食べる動物の種類もたくさんある。もしその種子だけに頼っている昆虫がいたとして、その昆虫の食害が、植物にとって一番大きな問題だとすれば、不作で昆虫の数を減らし、次に種子をたくさん作れば飽食させることができて、生き残る種子が増えるかもしれない。

一方、いろいろなものを食べる動物でも、多量に実ればそこに集まり、種子が少なければ散らばるような場合、または多量に実ったときにはその種子を集中的に食べるように、動物の行動が変わる場合はどうだろうか。このようなときは、多量に実ることが、かえって食害率を高めることになるのではないか？

この仮説は元々Janzenさんが提唱したもので、[※11] 彼のタケの一斉開花に関する論文で、タケの種子を食べる動物のふるまいに多くのページが割かれているのは、この仮説を検証しようとする意図があってのことだ。[※12] しかし、はっきりした結論は出なかった。

仮説③

【環境予測】

種子は実生になり、自立して生きていかなくてはならないが、実生が生きるのに適した環境がいつでも期待できるわけではない。実生が生き残りやすい環境になるのを予測できるときに、たくさん種子を作るということはないか。

例えばある年の夏が暑かったら、次の年の秋に種子をたくさん作る。続けて次の春には実生が生き残りやすい気象条件が期待できるなら、暑い夏の後の秋に花芽をたくさん作るかもしれない。しかし、花芽を作ると決めてから、実生が生き残る努力を始めるまで一年半以上もあるので、こんなことはありそうにない。

ただ、火事で今まで植物が繁茂していた森や草原が丸焼けになると、樹上に蓄えていた種子を一斉に落とす樹木や、生き残った地下茎から一斉に開花する草は存在する。火事の後で一斉開花する草は、火事後の競争のゆるやかな環境で、実生が成長できるようにしている可能性がある。

仮説④
【資源適合】

一年で獲得できる資源量では種子を作るのに不足なので、毎年種子を作ることができないのではないか、という見方は古くからあった。そうだとしたらなぜ毎年作れるだけの少量の種子を作らないのだろうか。

たとえ一つの種子が大きくて、たくさんの資源が必要だとしても、大きな樹木で一つも作れない状態というのは考えにくい。

体が小さく、光の乏しい林床の多年草なら、数年分の資源を貯めてから繁殖しているものもあるが、林床草本で個体群が一斉繁殖する例は、まだ知られていない。個々の植物が年齢も大きさも違っていて、持っている資源の量も同じではないから、繁殖のタイミングも一致しないのだと考えられる。

樹木の場合は、少量しか種子を作らずに資源を余らせて、それを次の繁殖まで貯める必要があるとすれば、その理由が説明できなければならない。

もっと単純に、そのとき使える資源が変動していて、その変動を反映して種子量が変動するということはあるだろうし、そのときに作ることのできる種子量の上限は、使える資源の量によって制限されるだろう。しかし現実の種子量の変動の大きさは、外部の資源量の変動よりもずっと大きいようだ。だから、外部の環境変動は、同調繁殖のシグナルに使われるだけかもしれない。

仮説⑤

【動物送粉者】

種子を食べる動物を飽食させられるのなら、花粉の運搬を動物に頼っている植物が、その動物を飽食させる可能性はある。しかし、花粉を運んでくれる動物を飽食させてしまっては、余分の花粉が無駄になる。もしその動物が、花が少しだけ咲いているよりもたくさん咲いているところに引きつけられるなら、多量に開花することで受粉の効率が上がるかもしれない。

仮説⑥

【動物散布】

種子は散布されなければならず、種子散布を動物に頼る植物は多い。種子散布をしてくれる動物を飽食させてしまってはたくさんの種子が無駄になりそうだが、種子の量によって種子散布にかかわる動物が反応を変えるならば、たくさんの種子を一度に作るほうがいいかもしれない。

例えば、多肉の果実を作って動物に食べさせて種子散布をする場合には、果実を食べる動物を飽食させてはいけない。動物が食べきれずに余った果実が、植物にとっても無駄になるからだ。

しかし動物が、果実が少ないときは食べることに消極的で、多いときには集中的に食べるなら、ある程度たくさん作ったほうがいい。いずれにしても、個々の動物と植物との関係や、動物の反応のしかたを、よく知る必要がありそうだ。

仮説⑦

【繁殖の付帯コスト】

種子を少量作るときでも、花や種子を作るのに伴い、大きな付属器官を作らなければならないとき、一度にたくさんの花や種子を作れば、この「必要な出費」は、花・種子一つ当たりに換算すれば小さくできる。

けれども、このようなことがあったとしても、これだけでは個体間で同調する必然性はないから、大きな結実変動の原因にはならない。ただ、ほかの理由で結実変動があるとき、その変動の大きさを、大きくする原因にはなる。

仮説⑧

【大型種子】

大きな結実変動をする植物には、大きな種子を作るドングリや、種子自体は小さいけれども、大きな松ぼっくりを作る針葉樹がたくさん含まれている。大型の種子を作る、ということが何か関係しているのではないだろうか。しかし「繁殖の付帯コスト仮説」と同じように、これだけでは個体間で同調する必然性はない。

もし全体での種子量が一定以上ないと繁殖効率が悪くなるということがあって、さらに大きな種子のほうが生き残りやすいならば、一回の繁殖に必要な資源の量が多くなりすぎて、その分を一年以上の不作で埋め合わせることになるかもしれない。

ここで挙げた順番は、Kellyさんが有力視する順番になっている。またこれらの仮説は、どれかが正しければ、ほかは間違っているという性質のものではなく、いくつかが同時に成り立っていてもいいものだ。Kellyさんは、これらの仮説がうまくいく例もうまくいかない例も、いろいろと挙げているが、植物の種類によって、また生育している地域や気候によっても、どんな条件が重要になるのかは、違っているようだ。

ただ一つ、確実なのは、大きな結実変動を起こすには、森全体でたくさんの種子が一度にできるか、たくさんの花が一斉に咲くことで繁殖の効率が上がる、ということがなければならない。

それは、不作の年に繁殖できなかった分を埋め合わせて、余りあるものでなければならない。

このうち最初の二つ、「風媒花の受粉効率」「捕食者飽食」仮説については、支持者が多いので、さらに詳しく検討してみよう。

〈風媒花の受粉効率仮説の検討〉

Kelly さんが最も有力と考えた風媒花の受粉効率仮説が成り立っていそうな結論を、Herrera さんたちはたくさんのデータから変動係数を使って導いているが、風媒花のブナ科を除いたほうが良い結果になるという。これは、ドングリには例外に当たる個体群が多いことを示している。

風媒花の受粉効率仮説が成り立っているなら、開花量が多いときには受粉率が高く、開花量が少ないときには受粉率は低くなっているはずだ。受粉しなかった雌花は、果実にならないで落ちてしまうから、花の数と成熟した果実の数を比べればよさそうだが、小さな雌花を数えるのは至難の業だ。

また、雌花が成熟果実にならなかったとしても、それが受粉に失敗したからなのかどうかもわからない。柴田さんたちのグループは開花量と種子量の関係から、カバノキ科の三種で開花量が多いときに受粉率が高くなっていると結論した。[※13] しかし同じ森の風媒花でも受粉効率仮説に合わないものはある。

奥多摩のドングリでは、雌花からほとんど発達しなかった小さい果実がかなり落ちてくるが、これとドングリを足したものを雌花数とみなすことはできるのではないか。そこから雌花からドングリへの発達効率を算出して（受粉効率に相当するかどうかはっきりしないが）、そのときの落下果実数と比べてみた。

結果は、発達効率は落下果実数とは関係がなかった。落下果実数が少ないときは、はじめから雌花が少なく、したがってドングリの落下数も少ない。発達効率は、雌花が多いときと少ないときのどちらもあまり変わらない。

雄花の数を記録していないので、雄花がどれくらい咲いたかはわからないが、雌花が少なくても雄花はある程度作って、父親としての繁殖の機会を作ろうとすることはありうる。だから、雌花が少なくても、雄花は十分あって花粉は届いているのかもしれない。それで雌花が少ないときでも受粉失敗はあまり多くならないと考えられる。

この点については、柴田銃江さんたちのシデ類についての分析にヒントがあった。[※14] 変動係数を、健全種子数、全種子数、雄花数で計算すると、この順に小さくなる。健全な種子の数は大きく変動するのに対し、雄花数の変動はかなり小さいのだ。どうやら果実に比べて低コストでできる雄花を、雌花を作らない年でもある程度作ることによって、父親としての繁殖を試みているように見える。

奥多摩のドングリの場合、コナラ、ミズナラは雑木林では優占種になっているから、雄花がある程度作られれば、不作年でも受粉失敗は少なくなりそうだ。花粉がどこまで飛ぶかわかっていないが、個体の近くには必ずほかの個体があるから、花が少なくてもすぐに受粉失敗には結びつかないだろう。

ただし、過去に一度だけ、二〇〇六年には多量の雌花が無駄になっていた。このときの気象データを見ると、六月と七月の日照時間が非常に短くなっていて、そのために資源不足で果実を発達させないまま落とした可能性が考えられる（図6−1）。

雌花のどれくらいがドングリに発達するか、既に高さ一〇メートル以上に生長した樹木で観察するのは難しいが、観察例がないわけではない。

三鷹市の二次林では、コナラの雌花の九〇パーセント以上が開花直後に落ち、ほとんど発達していないドングリもたくさん落ちてきたという。これは数にして成熟したドングリの一〇倍以上になる。この年は不作年で、ドングリとして成熟したものは雌花の〇・八パーセントに過ぎなかった。[※15] ほかにも多量の雌花が成長することなく落ちたという観察がある。[※16、17]

奥多摩の未発達果実は、これらの観察に比べるとずいぶん少ない。シードトラップの回収開始が九月なので、初期に落ちたものが捉え切れていない可能性はあるが、トラップそのものは一年中置いてあり、初夏の落下分も数えているはずではある。

したがって奥多摩のコナラとミズナラは、風媒花の受粉効率仮説に合うように見えない。といって、否定できる確実な材料もない。ただ、風媒花でも受粉効率仮説に合わないものがあり、どうやら奥多摩のドングリは、合わないほうの樹木のようだ。

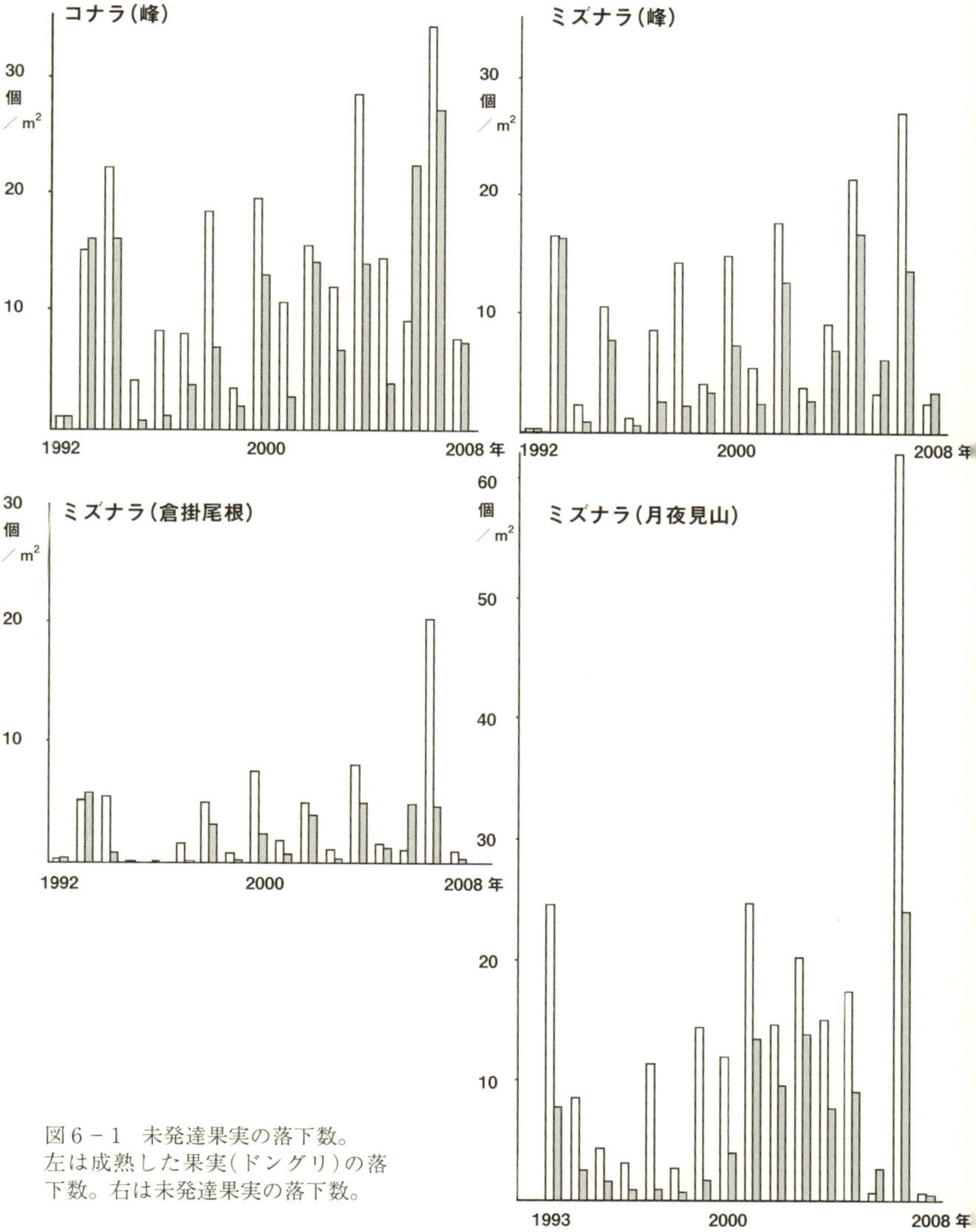

図6－1　未発達果実の落下数。
左は成熟した果実(ドングリ)の落
下数。右は未発達果実の落下数。

さらに変動のパターンはまったく違うが、虫媒花のクリが、ミズナラと同じくらいの大きさで結実変動をしている。ドングリの結実変動の謎は、深まるばかりだ。

〈捕食者飽食仮説の検討〉

種子を食べる者（種子の捕食者）は、どれくらいの種子を消費するだろうか。種子の運命は、捕食者に食べられて死ぬだけでなく、生きるのに不適当なところに運ばれて、発芽できずに死ぬものがたくさんある。しかし捕食者に食べられる分を減らすことができれば、生き残る機会も増える。もし捕食者である動物が食べても食べ切れないほど多くの種子を作ることができれば、生き残る種子は多くなるはずだ。

毎年一定量の種子を作っていると、それだけの餌に見合う数にまで種子を食べる動物が増えて、種子は無駄なく利用されるかもしれない。そこである年は不作にして食糧を減らすことで、捕食者となる動物の数を減らしておき、次に一度にたくさんの種子を作ると、たくさんの種子が食べられないで残ることが期待できる。動物にとって余った種子は、樹木にとっては生き延びる機会を得た種子なのだ。

例えば、中央アメリカのマメ科の樹木カシアは隔年で実る。果実は果肉のある被食散布で、脊椎動物が食べて運ぶ。カシアには種子を食べる二種のゾウムシがいて、その害を隣のカシアとの同調繁殖で飽食させて切り抜ける。[※18]

いくつかの個体が隣接しているとき、タイミングがずれて結実すると、ゾウムシは次々と木を移ってカシアを食べ続けることができるが、カシアの同調繁殖のためにそれがうまくいかない。結果としてカシアは種子の捕食者を押さえ込むことに成功している。

さらに捕食者が数種類の種子を食べる場合を考える。このとき、同じ捕食者に狙われる樹木が一致して結実変動をすれば、捕食者を押さえ込むことができる。実際、風散布種子を作るアカシデ、イヌシデ、クマシデ、サワシバの四種のシデ属で、種子生産が個体間だけでなく、種間でも同調するのが認められている。※14

四種のシデ属には、四種に共通の捕食者のように見える昆虫が種子に小さい穴を開けている。この昆虫による食害率は種子量が前の年の種子量に比べて多いほど少なく、不作が昆虫を減らすのに役立っているようだ。そして、四種が同調して結実変動することで、その効果は確実なものになっている。

タケの場合は、種子を食べる動物が多いから、これらをまとめて飽食させないといけないはずだが、種子が実ると動物たちが集まってくるので、ほんとうに飽食させることができているのか、確証は得られていない。※12 しかも、たまに実るタケの種子を、いつもはほかの餌を食べている動物が、みんなで寄ってたかって食べるようになるのだ。この食欲に耐えられるほど多量に種子を作るには、数十年に及ぶ蓄積のための時間が必要なのかもしれない。

ドングリでも、ドングリを食べる動物は多く、多様な動物たちをまとめて飽食させるとすれば、多量のドングリが必要だろう。昆虫では、コナラシギゾウムシが一番多いが、奥多摩のコナラシギゾウムシの食害率はドングリの量に関係なかった。これはコナラシギゾウムシが羽化をずらせているため、ドングリの不作であまり減らないからではないか。またコナラとミズナラが混じっているので、コナラシギゾウムシの取り扱いはさらに難しい。

5章でも述べたが、北茨城では、コナラとミズナラは二年前の種子生産でシギゾウムシをコントロールしているという報告がある。[※13] しかし、奥多摩ではそのような関係もない。クリにはクリシギゾウムシが同じように実に入って食害するが、育つクリシギゾウムシの数は、やはりその年の果実量に応じた数でしかなかった。結実量を変えても、ゾウムシの被害を減らすことにはつながっていないのだ。

脊椎動物がどれくらい食べるのかはわからないが、多様な餌メニューを持つ脊椎動物は、ドングリの量が少なくても、すぐに数が減るわけではない。ドングリが少なければほかの餌に、ドングリが多ければ、ほかの餌からドングリを食べるように行動を変えることもできる。それでも林床のドングリは、大豊作ならば春まで残るものがある。

だから多量のドングリを作ると、食べきれず、運びきれない余りが出るのは確かだ。これがドングリにとってどんな意味を持つのか、単純に捕食者を飽食させるだけではなさそうだ。

植物によって異なる事情

結実変動の大きさを表す変動係数を、樹木の性質と関連付けて比べてみると、花粉の運び手が何か、種子の運び手が何かによって、おもしろい傾向が見つかっている[※19]。

風媒花の植物は、そうではない植物（主に虫媒花）に比べて、変動量が大きい傾向がある（ただしこの傾向は、統計的には有意ではない）。はっきり差があるとは言えないのだが、これは風媒花の受粉効率仮説を支持する結果だろうか。

風媒花が受粉失敗で実にならないという無駄を減らすには、森の中に散らばっている個体の、できるだけ多くが一斉に咲いて、お互いに花粉を交換するほうがよい、ということはすでに述べた。このためには同じ種の個体の大多数が一斉に花が咲くほうが良く、その結果変動係数は大きな値になるはずだ。

種子散布のほうは、動物散布とそれ以外のもののあいだには差がない。しかし動物散布のうち、被食散布とそれ以外のものを比べると、被食散布の種子生産量の変動が小さかった（統計的に有意な差があった）。被食散布の果実は、散布者を飽食させてはいけないので、結実変動を小さくしているのではないか。

一方、被食散布種子ではないなら、種子の捕食者は必ずいるのだから、種子の捕食者を飽食させることで生き残りを増やす作戦は有効で、その結果変動係数は大きくなる。

もっとも、これらのデータには偏りがあって、ほとんどが北半球温帯から寒帯のものであり、南半球や熱帯地域のデータは少ない。さらに、マツ属とコナラ属のデータが四〇・九パーセントを占めるので、分類群も生育地もずいぶん偏っていて、植物全体の傾向とは言いがたい。

花粉の運び手が動物ではなく、風であるときに変動量が大きくなるといっても、風媒花のマツ属とコナラ属を除いて計算したほうが、風媒花とそうでない植物の差が大きくなる。これはどこか変だ。結実変動の小さい植物は、余り興味を引かないためか、調べた例が少ないという弱点もある。

しかしこうした点を差し引いても、風媒花の受粉効率仮説が成り立つ可能性を示しているようだ。また動物に食べさせて種子を運んでもらう被食散布種子の場合には、散布者である動物（種子の捕食者ではない）を飽食させたりしないで、「食料の安定供給」を心がけている傾向が見える。

次に、個々の植物について、どんなものがどんな結実変動をしているのか、もう少し見てみよう。北海道でいろいろな種類の樹木の結実量を九年間調べた例がある。[※5、20] 観察対象が一種につき一個体と限られているが、風媒花で風散布のウダイカンバ、サワシバ、アサダ、ケヤマハンノキには、はっきりした豊凶があった。

また、虫媒花で風散布のオオバボダイジュも、豊凶がはっきりしている。虫媒花で、かつ動物に食べさせて種子散布する被食散布の樹木のうち、高木のハリギリに明瞭な豊作と凶作があって、林内低木のミヤマガマズミにはそれがないように見えるのは、花粉の運び手と種子の運び手、どちらが大事なのか、樹木によっても違うことを示すのかもしれない。

北茨城の小川学術参考林では、同じひと続きの森で、その森の樹木の種子生産量の記録を取り続けている。ここは自然林ではないが、樹木の種類数の多い森で、少なくとも最近八〇年間は保護されていて、樹木も大きくなっている。

ここでは、シードトラップを一定間隔で並べて、種子の落下量のほかに雄花の落下量も調べている。その記録が九年間たまり、一六種が比較できる。[※13]

種子生産量の変動はすべての種で観察されたが、コナラとミズナラの変動の大きさは、一六種の中では小さいほうだった。花が多いと受粉効率が良くなるかというと、風媒花のうちアカシデ、イヌシデ、クマシデ、サワシバ、アサダの五種についてはそう言えるが、ブナ、イヌブナは風媒花でも開花量と結実量が関係ないように見える。

おもしろいのは、一六種のうち一一種は、ほかの種のうち三種以上の種と、種間で同調するように見えることだ。もし種間で共通の種子捕食者がいるなら、一緒に多量の種子を作れば、効果的に飽食させることができるはずだ。

コナラとミズナラの種子生産量は、お互いに同調しているように見えるが、そのほかの樹木とは同調しない。また、ヨグソミネバリ、ブナ、クリはほかのどの種とも同調していない。

小川の森の記録からは、同じひと続きの森でも、その森の樹木の結実量は、同じようには変動しないことがわかる。種類ごとに生活の事情が異なり、同じ気象の下でも、それぞれの事情によって、果実の生産量を異なったパターンで変動させているらしい。

風媒花の受粉効率仮説は、最もよく現実に合うと言われ、それだけの証拠も、間接的ではあるが挙がっている。しかしそれに合わない風媒花を持つ樹木もまた存在し、ドングリは合わないほうに入るのだ。

小川の森では、コナラとミズナラが、一六種の中ではあまり結実変動の大きくない樹木になっている。奥多摩のコナラやミズナラも小川の森と変動係数は同じくらいだから、これはコナラとミズナラの性質と考えていいのだろう。

コナラ、ミズナラよりも、イヌシデやアカシデなどのシデ類のほうが、それよりはるかに大きく変動しているのはなぜだろうか。さらに、ミズナラに比べても、コナラの結実変動はかなり小さい。

また、ハリギリが大きな結実変動をしているのは、水井憲雄さんの結果と一致している。ハリギリのような被食散布果実の結実変動が大きいのは、なぜなのだろうか。「一般的な傾向」が仮説に合うように見えても、合わない例外がいくつも出てくるのは、問題の複雑さを示している。

樹木の生活史の中で、種子ができてから実生が自立して生活するまでのあいだは、最も危険が大きく、不確定要素が多くて、最も生き残りの難しい時期になる。

植物は光合成生産を元にして、体を作り、花を咲かせて結実するのだから、光条件のいい場所を探り当てるのは、生死を分ける重要なことだ。けれども、種子は自分で好みの場所に動いていけないため、これが非常に難しい。毎年数万個の種子を作っても、次の親になるものはごく僅かだろう。

樹木は長生きのように見えるが、生まれて自立するまでの、生活史のごく初期のうちに死ぬ数を入れて平均寿命を計算すれば、ひどく短いものになるはずだ。残念ながら、散らばった種子の運命を追いかけることは今のところできないので、樹木の平均寿命はわからない。

もしこの時期を生き残って、自立生活を始める確率を少しでも高めることができれば、樹木にとってはたいへん有益なはずだ。それには、種子を食べる動物からいかに逃れるか、良い場所に分散できるチャンスをいかに高めるか、何重にも工夫する必要があるだろう。そのために、種子の大きさを変え、形を変え、時には毒物を溜めるなど、可能な手段を駆使して、動物を動かさなくてはならない。

結実変動も、その工夫の一つであるはずだ。そして、結実変動の大きさは、植物ごとに異なる事情を反映して、その大きさが決まっているはずだ。その事情は、一つではなく、いくつも重なっている。

風媒花の受粉効率仮説が多くの樹木で成り立っているとしても、風媒花でありながら、そこからさまざまな程度に外れる樹木があるのも事実だ。また捕食者を飽食させるには、変動係数は大きいほうがいいはずでも、別の事情で大きくしないほうが良ければ、変動は小さく抑えられることもある。その一つの例が被食散布種子で、それでもすべての被食散布種子を作る樹木が同じように変動を小さくしているのではない。

ある樹木の種が、ある大きさで結実変動をする背景には、それぞれの種が持つ個別の事情があり、その事情を考えずに仮説に合うかどうかだけ議論しても実りはない。

受粉効率を高めることと種子捕食者を飽食させることの、二つの究極要因は支持者が多いとはいうものの、支持する根拠はそれほど明確ではないのだ。少なくとも積極的に否定することができない点では一致しているのではあるが。

同調繁殖を導く要因

同調繁殖の至近要因は、温帯で植物が季節を知るのに広く利用している気象の変動なのかもしれない。同調繁殖が、時に広大な地域にまたがって起こるので、広い地域の個体がみんな同じように感じるシグナルがあるとすれば、気象だろうと誰もが考える。それで豊作・凶作を導く気象のシグナル探しが行われている。

究極要因は個体間の同調を必要とするものでなければならないから、個体間を結びつける花粉の受け渡しは、真っ先に考えるべきだろう。このとき、花粉を昆虫が運ぶより風に託すほうが、同調繁殖が起こりやすいのは、元々受粉効率を高めるために、風媒花がたくさんの花粉を作らなければならない事情があったからだ。しかし虫媒花でも、個体間が遠いときには、同調繁殖したほうがいいのではないか。

熱帯林での一斉開花は、温帯の樹木とは性質が違って、季節的な同調の必要がない。しかし個体間の同調繁殖がないと、花粉の受け渡しに困るだろう。しかも熱帯林では種の多様性が高く、同種の個体が離れていることが多い。だからほとんどが虫媒花なのに一斉開花に参加する。

奥多摩の場合でも、クリは虫媒花だが、ふつう森の中では少数派で個体と個体のあいだが遠いから、同調繁殖は必要だろう。それなら、同調開花が必要なのは風媒花に限らない。

種子の捕食者飽食仮説においては、樹木の個体間の結びつきではなく、ある広さの森全体にできる同じような質の果実の総量が多いほど、種子の生き残りが多くなる。ではどれくらい多ければ目的を達することができるのか。

現在、結実変動をしている樹木の結実変動の大きさは、種子捕食者を飽食させるという機能を果たしているのだろうか。

倉掛尾根のクリ林。

7章　個性的な木々

「ドングリの背比べ」はほんとうか

落ちてくるドングリの大きさと形は実にさまざまだ。一人前のドングリに育たなかったものは別としても、ミズナラの大きなものは生重量で一〇グラムを超えるものがある一方で、同じミズナラでも二グラム以下のドングリもある。平均的にはコナラはミズナラよりも小さく、細長い形をしているが、小さいミズナラと大きいコナラを比べたら、コナラのほうが大きいこともある。ドングリの大きさだけでなく、形も一定ではなくて、同じミズナラでも丸いのから細長いものまでいろいろだ。母樹別にドングリを並べてみると、ドングリの形と大きさが、母樹によって違う印象を受ける（図7―1）。

ドングリの大きさは、もちろん種によってだいたい決まっているはずだが、図鑑の記述にも幅があって、長さで一・五倍、重さでは三倍以上の違いがある。ふつう同じ種の種子の大きさは、そんなに大きな差ができるものではない。母植物の栄養状態によって種子の大きさが変わることはありそうだが、そのような場合変わるのは、種子の数であって大きさではない。

例えば植物の密度を変えて育ててみても、コムギでは一株あたりの穀粒数は八三倍の差が出たのに、一粒の重さは一・〇四倍にしかならかった。野生のヒマワリでは種子の重さの差は一・二五倍しかない。[※1] ドングリのように種子の大きさがこれほど変わるのは、種子としては変わった性質なのだ。

ドングリの形を縦横の比率で表し、大きさを重さで表すと、母樹によって作るドングリの形と大きさの幅に差があることがわかる。ドングリの大きさを決めるのは、ドングリ自身ではなくて母樹のようだ。ドングリを作っているのは、大部分が子供の体である胚だから、子供の性質が現れてもよさそうなものだが、子供の体をどうするか、子葉にどれだけ栄養を持たせるかは、母親がしっかり制御していて子供の勝手にはなっていない。

奥多摩のある母樹は大きなドングリを作りやすく、別の母樹は大きいドングリを作らない。細長いドングリを作る傾向のある母樹は、いつも細長いドングリを作り、丸いドングリを作りやすい母樹は、いつも丸いドングリを作る（図7―2）。

ドングリの重さを比べる

奥多摩の森の木々が落とすドングリの重さの平均値を、母樹別、年別に比べると、同じ母樹でも年によって重さが変動しているのがわかる。重いドングリを作る傾向のある母樹も、不作のときは軽いドングリを多くしている。

特別に重いドングリが混じるのは、豊作のときに限られる。

並作のときは、落ちるドングリが平均的に軽いときと重いときがあって、落ちてくるドングリの数が多くても重さが軽い年（例えば峰のミズナラの一九九八年、コナラの二〇〇七年）もある。

不作のときは、母樹はドングリ作りの手を抜くのだろうか。最終的なドングリの大きさが決まる

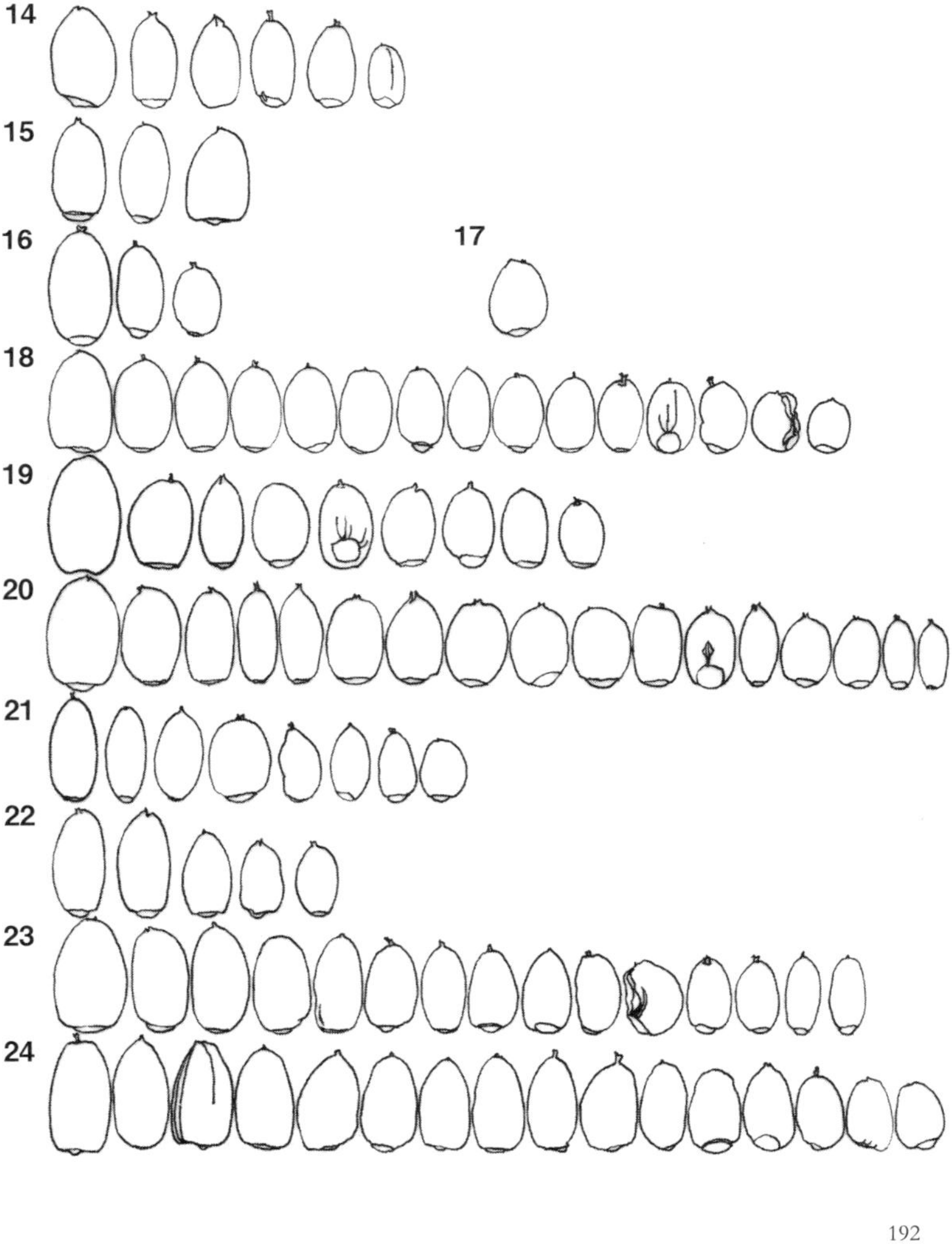
14
15
16
17
18
19
20
21
22
23
24

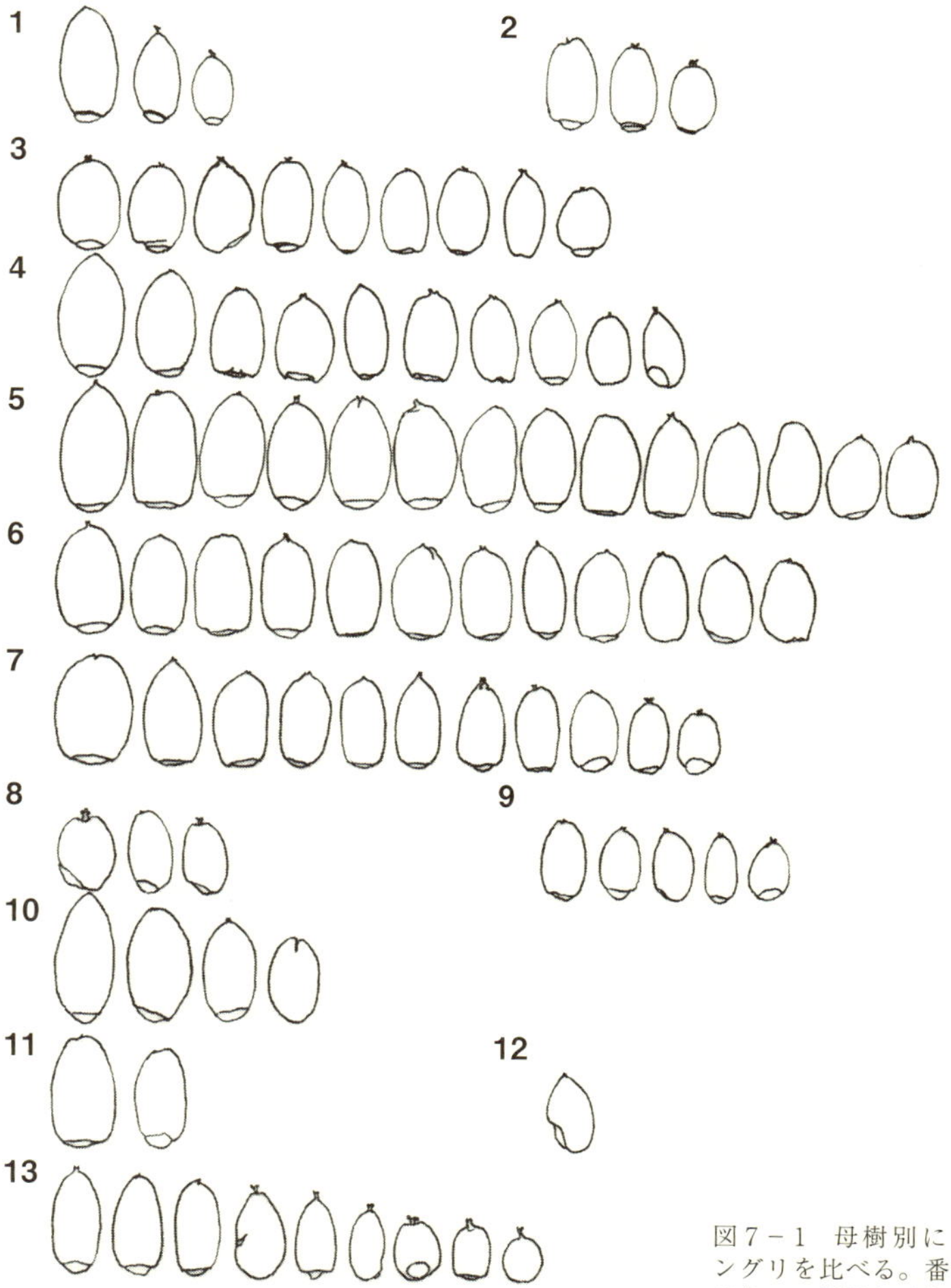

図7－1　母樹別にドングリを比べる。番号は各々の母樹を示す。

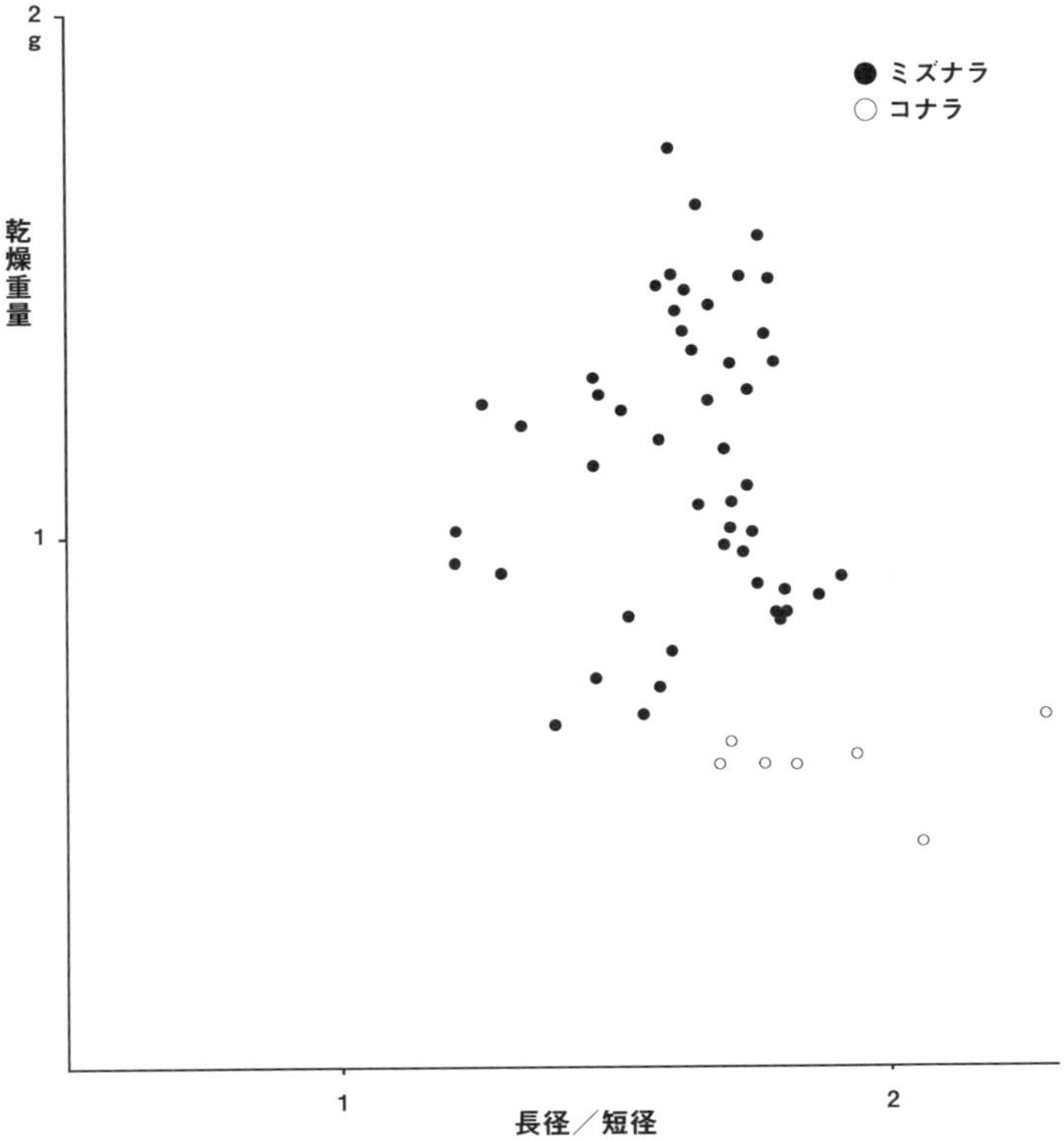

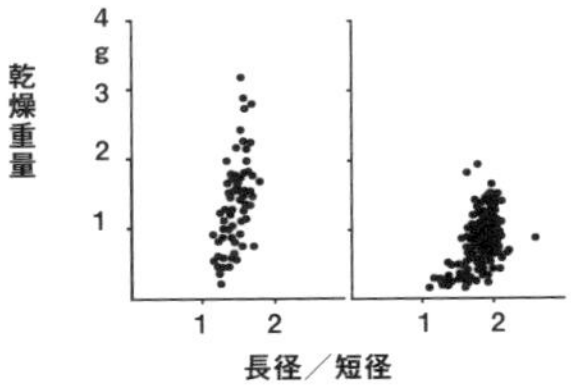

図7－2　ドングリの大きさと形。母樹によって異なる。上図は、個体の平均値(2007年落下分、10個以上落としたもののみについて示す)。右図は、1個体が落とすドングリ(ミズナラ2個体分)。上のグラフの個体は丸く重いドングリを作る。右グラフの個体は細長くて軽いドングリを作る。

秋までに、途中でドングリの生長を止めて小さく作ることは簡単にできそうだ（図7—3）。

ドングリの大きさに差があるとき、動物は大きさの差を選ぶ基準にするだろうか。コナラシギゾウムシは小さいドングリでも産卵し、中身を全部食べつくしているかと思えば、大きなドングリにはいくつも卵を産んで、最大八匹の幼虫が一個のドングリから出てくることもあった。大きさによって産卵数を変えて、無駄なくドングリを利用するが、小さいからといって産卵しないわけではない。

数グラムの大きさの差を気にする動物がいるとすれば、体重が数十グラムの野ネズミか、数百グラムのリスではないか。ドングリを貯食する動物は、鳥も含めて、質が同じならば大きいドングリを選ぶだろうし、あまり大きすぎて運べないのも避けるだろう。

けれども、ドングリの大きさを気にするのは豊作で十分なドングリがあるときに限られる。不作なら、大きさに構わず、あるものはみんな利用せざるを得ない。だから不作のときにドングリが小さいのは理由がある。大きくても小さくても同じように動物に食べられるのなら、節約したほうがいい。

母樹がドングリの大きさを決める時期は、急ぐ必要はなく、ドングリを成熟させる直前で間に合う。だが、母樹はどうやってその年のドングリの量を知るのだろうか。自分のことなら自分でわかるが、ほかの木のことまで知る手段はあるのだろうか。

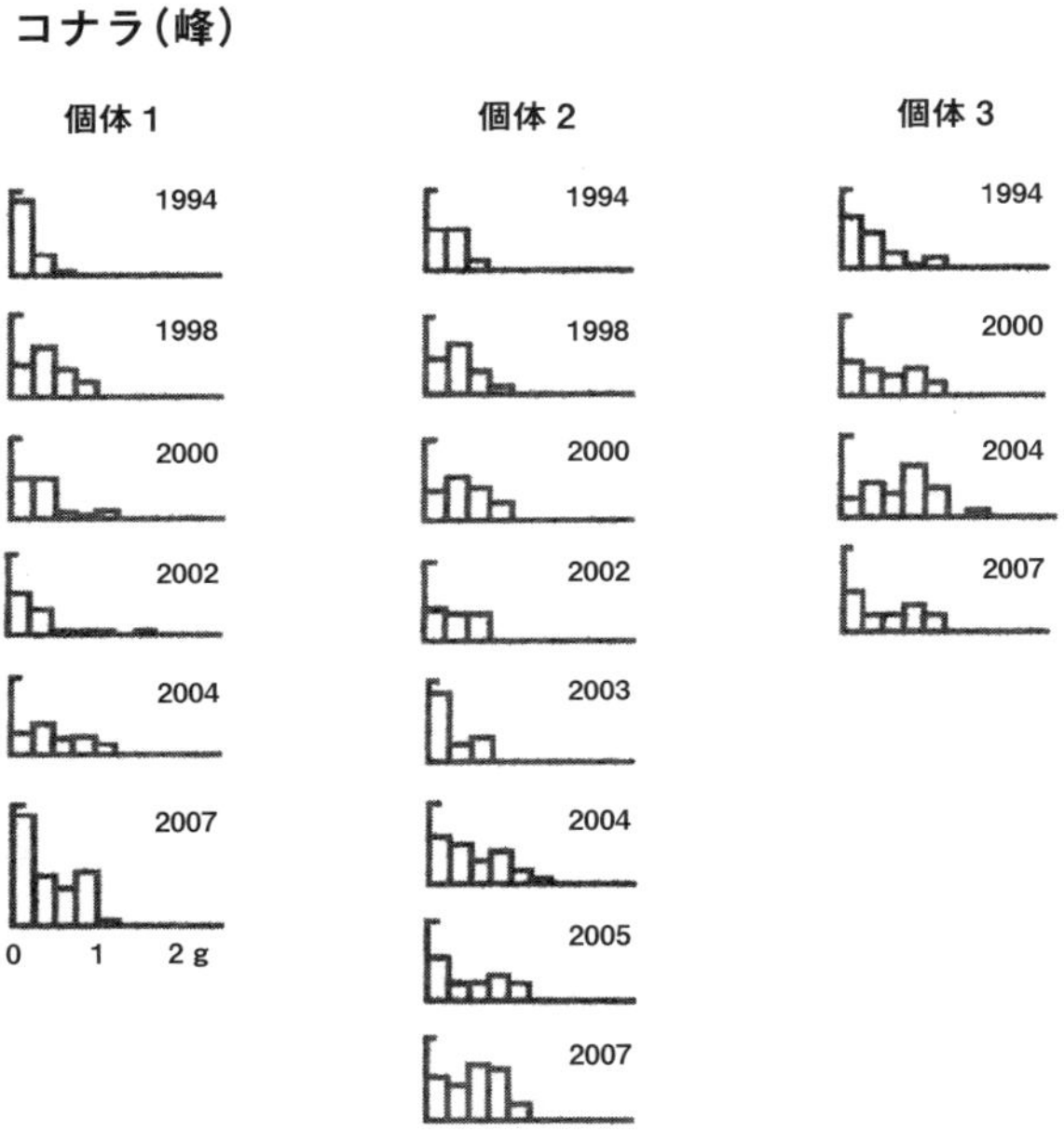

図7－3　代表個体の年別のドングリ重。同じ母樹でも年によってドングリの大きさを変える。

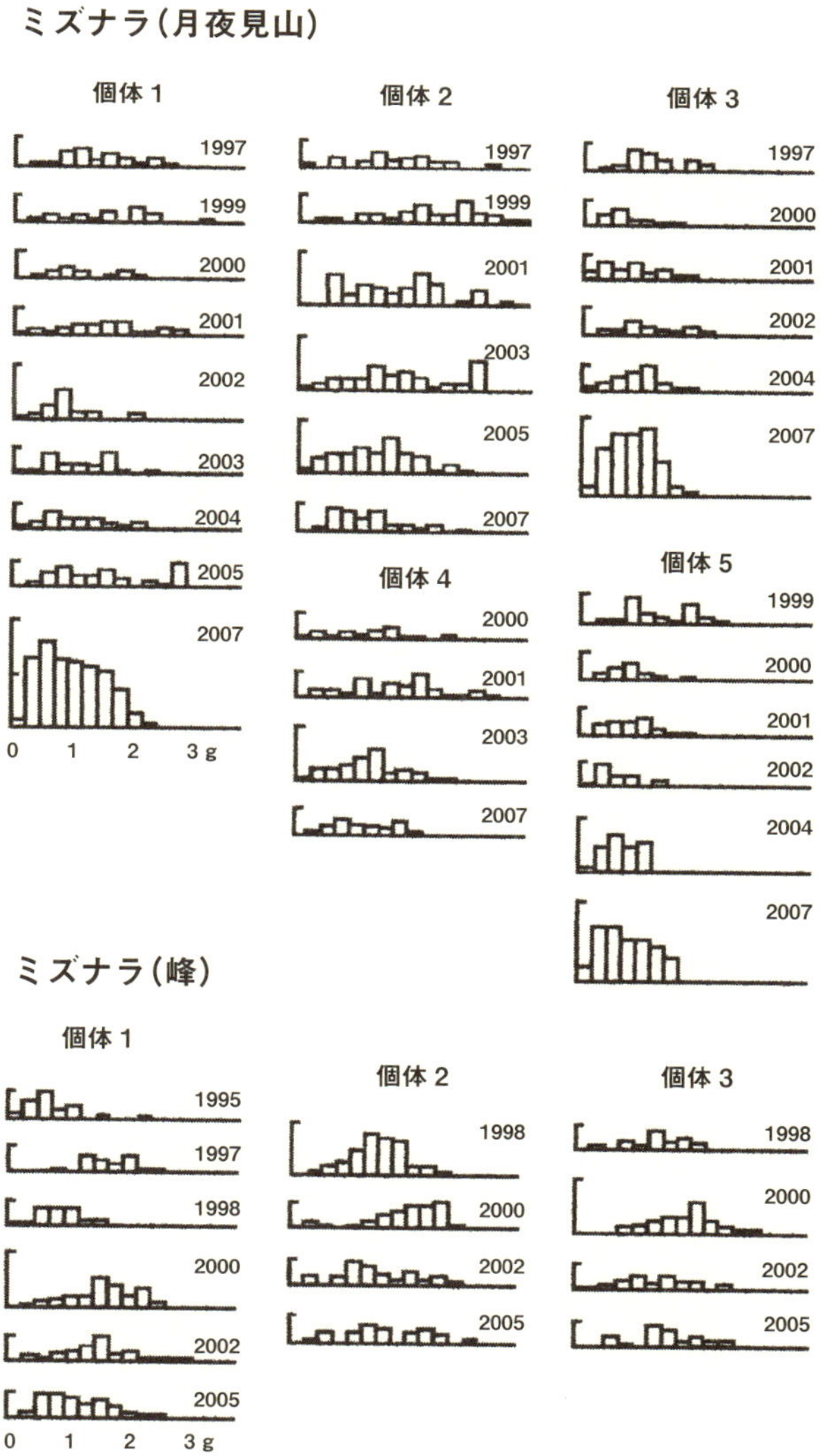
ミズナラ(月夜見山)
個体 1
1997
1999
2000
2001
2002
2003
2004
2005
2007
0
1
2
3 g
個体 2
1997
1999
2001
2003
2005
2007
個体 4
2000
2001
2003
2007
個体 3
1997
2000
2001
2002
2004
2007
個体 5
1999
2000
2001
2002
2004
2007
ミズナラ(峰)
個体 1
1995
1997
1998
2000
2002
2005
0
1
2
3 g
個体 2
1998
2000
2002
2005
個体 3
1998
2000
2002
2005

豊作のとき、母樹は個性を発揮して、能力いっぱいに大きなドングリを作るものもいれば、それでも小さいドングリしか作らないものもいる。大小取り混ぜて落としたドングリの、どの大きさが生き残りやすいのか、ドングリはどうやって知るのだろうか。

野生の樹木が持つ豊かな個性

作るドングリの大きさと形だけに限っても、樹木一本一本が個性的だ。「ドングリの背比べ」とは、どれも平凡で抜きんでたものがないという例えだが、こんな例えを考えた人は、観察力がない。

形の違いは、機能の違いでもある。同じ機能を果たすときには、由来が違っても似た形になりやすい。その形が機能を果たすために合理的であればあるほど、見かけの形は似てくる。ドングリの機能は、小動物に分散貯蔵をさせ、余らせることだ。この点では、ドングリは同じ機能を果たすために形作られている。

ドングリを作る樹木が個性を発揮するとすれば、どの動物に運ばせるか、運ばれやすさを変えることと、回収して食べられる機会を減らす工夫ではないか。しかしこれは相手のあることであり、相手の動物だけでなく、同じ種の隣の木の存在も無視できない。動物にとって、餌の価値は、あくまで相対的なものであるからだ。

目に見える形だけでなく、母樹の個性はドングリを落とすタイミングにも表れる。ドングリを落とすタイミングは、数日ほど木によって違う。シードトラップの回収のタイミングによっては、この差がわかることがある。

まだあまりドングリが落ちていないときに一足先に落とせば、動物にとって希少価値が出るから、少々質が悪くても運ばれるだろう、とか、たくさん落ちているときに落とせば、ドングリの大きさや質で選ばれるだろうか、などと妄想が膨らむ。

奥多摩の峰の森では、ミズナラにコナラがかなり混じっているが、コナラのドングリはミズナラより落ちてくるのが遅い。ミズナラ同士の落下時期の差よりも、コナラとの差のほうが大きく、「種による差」となっている。これは落下時期をずらせているのだろうが、ドングリの質の違いと合わせて、どんな効果があるのか気になる。

野生の樹木が持つ豊かな個性は、もし環境が変わることがあれば、新しい環境に応じて、「平均値」を動かす力になる。豊作・不作をほかの木とどの程度同調させるか、これにも個性があるように見え、その個性が許されていることが、同調繁殖がゆるくなる原因にもなるのではないか。

奥多摩の森、下のほうは人工林が多い。

8章　駆け引きをする木

豊凶を作る個体

これまで見て来たとおり、ドングリの樹木個体が結実変動を起こしているのは明らかだ。そして森全体のドングリの結実量は、単純に個体の結実量の和である。今までにさまざまな地域のドングリや、ドングリ以外の樹木の例を考え、仮説を考えてきたが、では奥多摩のドングリの個体が独立を保ちながら、全体で同調してドングリを作るように見えるという現象について、もう少し考えていこう。

２章で見たように、奥多摩のドングリでは、個体の結実変動には一年おきのリズムがあって、その個体間の同調は非常にゆるい。へそ曲がりはあくまで少数派だが、それでもへそ曲がりは存在する。個体間の同調がゆるく、へそ曲がり個体が混じるから、森全体での結実量の変動係数は低めになる。このようなゆるさがドングリには許されている。

個体に豊凶のリズムがあるのは、個体が持つ資源に応じてドングリを作る量を変えているときに、ドングリをたくさん作るための資源量に閾値があり、ある量を超えるとたくさんドングリを作る仕掛けがあるのではないかと思う。

この資源の蓄積に一年以上かかるから、ドングリの量が変動する。といって、資源が少ないときに全然作らないわけではない。この切り替えがどうなっているのか、生理的なメカニズムはまだわからない。

風媒花の受粉効率仮説に関する「井鷺モデル」

結実変動をする樹木の多くが風媒花を持ち、しかも冷温帯、亜寒帯林では優占種になっていることが多い。冷温帯林のブナ属の樹木や亜寒帯を埋め尽くすマツ科の針葉樹はその代表だ。その風媒花が、大きな結実変動と関係があるのではないかとは、簡単に思いつくが、一斉繁殖すると、本当に受粉に好都合なのだろうか。また一斉繁殖しないと、不都合なのだろうかを考えてみる。

受粉効率モデルで、開花量と結実変動の関係を検証する試みがある。[※1] まず受粉の成功率は、空気中の花粉密度に比例すると仮定する。花粉密度は樹木の個体密度と開花量によって決まる。開花量は、その前に繁殖しなかった期間が長いほど、エネルギーが蓄積していて多くなるだろう。こうした仮定を数式の形に書いて計算する。

結果は、繁殖の間隔を開けるほど花が集中して咲くから、受粉が成功しやすくなり、森の中で少ない種ほど、間隔を開けて繁殖するときの利益が大きくなることが示された。ただし、このモデルにはいろいろな仮定の数値が使われているが、その数値は、マツ属の一種を使って測定すると現実とは必ずしもきれいに合わない。しかし、一度にたくさんの花が咲くと、効率よく結実して、無駄が少なくなることは確かだ。

井鷺裕司さんは、個体の物質収支をもとにして、結実変動を導き出すモデルを作ろうとした。[※2] 植物の全活動のもとは光合成生産だから、植物の生活を組み立てる物質的な基礎は光合成生産の量と、それをどの活動に、いつ、どれくらい分配するかである。花や果実の生産も、この枠組みの中で考える。草本では、この枠組みで生活史の組み立てを理解できる。樹木で同じことができないのは、樹木が大きすぎることと、寿命が長すぎるためだ。

井鷺モデルは、毎年一定の余剰生産（体の維持と最小限の生長に必要とする分を差し引いた残り）ができるとして、それを蓄積し、蓄積量が一定の量を超えたとき、その超えた分を開花に使う、という単純な仕掛けを考え、数式に書き直す。そこで、結実すると、さらに果実を作るのにエネルギーを使うことになる。結実に使うエネルギー量が、開花に使うエネルギー量に比べて、あまり大きくないとき（例えば実が小さいとき）は、毎年一定の果実を作るようになる。

ところが、開花に比べて結実に大きなエネルギーを必要とするとき（実が大きいとき）は、環境がどうであっても、豊作と凶作が生じる。ドングリのように大きな果実は、花から実になるときにたくさんの「もの」と「エネルギー」を使うので、このモデルでうまくいきそうだ。ただ、これだけでは個体間の同調は起こらない。

そこで、開花個体が多くなると受粉しやすくなるという、受粉効率に関する仮定を導入する。[※3]すると、結実できるかどうかが花の密度によって変わるようになり、同調繁殖が起こる。ここには、同調しない個体も現れ、現実の森で起こっていることを、うまく表しているように見える。

佐竹さんと巌佐さんは、このモデルを発展させて分析した。[※4]花粉量によって結実が左右されなければ、樹木はバラバラに結実変動をする。ほかの個体が開花しているかどうかに結実量が左右されるなら、個体間の同調が起こる。

雌雄の機能を備えている植物の場合は、自家受粉で結実するならば繁殖の同調は必要ない。しかしドングリを含めたほとんどの植物がほかの個体の花粉を必要としており、ほかの個体が自分と同時に開花しているかどうかは樹木にとって重大な問題になる。

もし花が少なく、そのため花粉が少なくて結実できないときは、貯蔵したエネルギーは温存されて、翌年以降の繁殖に回される。結実すれば、その分消耗すると考えると、結実量が変動を起こし、同時に個体間の同調繁殖が起こる、という結果が得られる。

この同調は不完全で、繁殖の周期性も不完全になり、奥多摩を含めた現実の森で起こっていることによく似ている。しかも、はじめに個体間で貯蔵エネルギーにばらつきがあっても、花粉量による制約で結実できないことがあれば、個体間の差はだんだん小さくなり、気候のシグナルに頼らないでも同調繁殖をするようになる。種子が大きいことは、結実による消耗が激しいということだから、種子の大きな樹木で結実変動が大きいというのも納得できる。

現実の森では、森全体の平均的な開花量よりも、隣の木の開花量のほうが意味があるはずだ。どこまで花粉が届くのかは一概に言えないが、一〇〇キロメートルを超えるような遠距離での同調繁殖があるとき、これが気候のシグナルに拠らず、花粉を介した個体間の結びつきだけで説明できるだろうか。

このモデルに、個体間の空間的な結びつきを導入すると、[※5]花粉の届く範囲が狭くても、隣の木がその隣の木へ影響し……と連続していき、気候のシグナルなしに、花粉が直接届くよりもずっと広い範囲の森全体が、同調して結実変動をするようになる。

しかも、個体の結実量は揃わずバラバラで、近い個体同士で不作個体の小さい塊を作り、別の場所では豊作個体が小さな塊を作りながら、全体では同調しているという、空間パターンもできる。ただし、花粉が近くにしか飛ばない場合は、豊作の周期が二年周期しか出てこない。このモデルで想定されているブナのように四年以上の長い周期を導くには、この上に何が必要だろうか。花粉が現実にはありえないほど遠くまで飛ぶようにすると長い周期も導けるが、これでは困る。一部の花粉が遠くまで飛ぶようにする案もある。ここで気候がかかわるとどうなるか。

佐竹さんたちは条件をいろいろ検討し、最終的には花粉を介した個体間の結びつきに気候変動を加えると、二年以上の長い周期を持つ結実変動を数式の上で起こすことに成功した。[※6]

樹木の集団としての結実変動は、個体のエネルギー収支を基盤にしている。花粉を介した個体間の結びつきを隣人同士で仮定すれば、繁殖が同調する状態を作ることができ、これに樹木が共通に経験する環境変動を加えると、個体間の同調繁殖が長期間維持できる。[※7]

環境変動だけでは、個体間の同調繁殖は維持できない。この結果は、現実の森で、樹木がどのようにして同調して豊凶を創り出しているのかを示しているように見える。

奥多摩のミズナラでは、全体では個体間の同調繁殖が起こっているが、その中で月夜見山のミズナラが、ほかの場所のミズナラとは少し違ったふるまいをしていた。花粉の届く範囲をやや遠めにすると、同時に豊作または不作になる塊は大きくなり、その大きさは花粉が届く距離の数倍程度になる。

この範囲が、試料の木が散らばる数十メートル程度になるなら、奥多摩全体で同調して結実変動をする状態を保ちながら、月夜見山の小さい林程度の面積で、ほかと異なるふるまいをする場所が含まれるような状態になる。このためには、花粉が飛んで直接かかわりあうことのできる個体間の距離が、数十メートル以上必要だ。これは、もっともらしい距離だ。

しかしながら、ここで挙げた「仮定」は本当に正しいのだろうか。

〈エネルギーの蓄積と消費に関する仮定〉

このモデルを検証するには、どんなデータがあればいいか。

ドングリを作るために、どれくらいのエネルギー量を費やしているのかを量りたい。その量は、母樹が一年で作ることのできるエネルギーと比べてどの程度を占めるのか、数年以上の不作で蓄積しなければならないほどの量なのかを量りたい。

しかし、樹木一本丸ごとのエネルギー量を測ることはできない。代わりに何か測定できる指標になるものを探さなければならない。

木から「落ちてくるもの」は、木がエネルギーを使って作ったものだから、指標に使える。「落ちてくるもの」には、ドングリ以外にも葉っぱ、枝、樹皮、芽鱗、雄花、殻斗、虫の糞がある。

山形県のブナ林で、ブナに関するあらゆる落下物を集めて分析し、その量をできるだけ正確に評価すると、ブナの豊作年には葉っぱの量が少なく、雄花と果実と殻斗の量は、これに葉っぱが減った分を足したよりもはるかに多かった。[※8] 豊作にするためには、葉っぱを作る栄養を減らして、その分を花と果実に向けるだけでは足りない。やはり栄養の蓄積が必要なのだ。

ではどこに栄養を蓄積するのかと言えば、枝だろう。ブナの枝には栄養が貯蔵される。毎年、枝の炭水化物は、春に葉っぱを作るのにまず多量に使われて、続いて葉っぱが働いて炭水化物を作り、それが再び枝に溜まっていく。

翌年の花芽を作る六月には、もうかなり栄養が溜まっているが、この頃の枝の炭水化物量が、豊作年には少なく、その翌年からは毎年増え続ける。[※9] たしかに不作年に栄養を貯め込み、豊作のときはそれを使っているらしい。ブナはこうして一年で作ることのできる栄養よりも、はるかに多くの栄養を使い、豊作を作りだしている。

佐竹・巖佐モデルの、栄養の蓄積と消費に関する仮定は正しい。

〈不作は受粉失敗によって起こるか〉

次に検証したい佐竹・巖佐モデルの仮定は、不作のときは雌花の数は十分でも、受粉失敗によって不作になるということ。

ドングリでは、雌花の数は、開花の前の秋までには決まっている。モデルでは、雌花の量はそのときの母樹の資源量で決まるから、この時点ではたくさん雌花を作る個体があっていい。しかし、ほかの木が花を作らないとき、同時に雄花も作られないなら、たくさん作られた雌花が無駄になることで、翌年の開花数も続けて多くなる。これがほかの個体が開花するまで続くと仮定されている。

花を作るのに比べ、果実を作るときに多くのエネルギーがいると、開花によるエネルギーの消費は、保持しているエネルギーに比べて少ないので、翌年以降の開花にはあまり影響がない。

受粉失敗によるものかどうかはともかく、実際に雌花がドングリにならないことは多い。ただ、奥多摩のドングリを見る限り、不作年には未発達の「ドングリの素」の落下も少ないから、はじめから雌花が少ないように見える。

ただ、二〇〇六年に奥多摩のドングリが不作になったときだけは事情が違った。成熟したドングリの量に比べて「ドングリの素」がずっと多く、雌花の大部分が無駄に終わった。この年は同時に初夏の天候不良があり、これが不作の直接の原因だったのではないかと思う。しかしミズナラでは、ドングリとドングリの素を足しても、並作程度の出来でしかなかった。翌年の豊作と比べると、初夏の天気が良くても、あまりいい作柄にはならなかっただろう。

ブナでは、北海道の五ヶ所の森で、シードトラップを使って種子の落下量を調べた例もある。[※10] 報告は、総種子数が多いときは受粉失敗率が少ないと結論しているが（未発達のものを受粉失敗と決めていいのかどうかわからない）、提示された落下量のグラフからは、豊作年にも未発達の果実がそれなりに多いように見える。
ブナは、雄花と雌花を別々の花序に作るから、雌花数と雄花数が比例しているとは限らない。シデ属のように、雌花数が変動しても雄花数はあまり変動しないのなら、受粉効率も雌花数に応じて変動しないだろう。少なくとも、受粉効率が変動したとしても、雌花数や果実数よりも小さな変動になるだろう。

このモデルは、「どのようにして」同調繁殖が起こるかを示すもので、「なんのために」同調繁殖するのかはまた別の問題だ。風媒花の受粉効率仮説は、「なんのために」を示すものだが、これを手段として使うことで、現実に起こっていることとよく似た状態を作り出せることが示された。

ただ、仮定が現実に即しているかどうか問題はあり、特に受粉効率に関しては私は疑問に思っている。しかし、花粉を介した個体間の結びつきが、重要な役割を果たしていることは、このモデルの核になる部分だ。

花粉を介した個体間の結びつきが、遠くの個体よりも近くの個体で強いのは、風媒花に限らない。虫媒花でも、遠くの個体よりは近くの個体のほうが緊密になるはずだ。ただ、個体間の距離が開いているとき、風媒花では隣の木の花粉の量が距離に応じて少なくなるが、虫媒花では、樹木の分散状態によっては、ある程度の距離は超えられる。

奥多摩の森では、そしておそらくほかの森でも、虫媒花のクリは元々優占する樹木ではなく、奥多摩の調査地ではたまたま密集していたにすぎない（しかも密集している状態は人が作ったものだ）。本来、個体間の距離が開いているときにこそ、虫媒花の良さが発揮されるだろう。それでも、隣の個体の状態に受粉効率が影響を受けて、近くの個体間の結びつきが強くなるはずだ。

奥多摩のクリの結実変動が、森全体でどうなっているかはわからない。しかし倉掛尾根では、ミズナラと同じようにゆるく同調して結実変動をしていて、個体間の関係もミズナラと似ている。変動係数もミズナラと同じくらいだ。ただ変動のパターンがまったく違い、クリ独特のものになっている。

クリの独自性は、虫媒花だからなのだろうか、それとも、種子散布と捕食者に合わせて、送受粉とは別に作りだされたものなのだろうか。そして、クリの結実変動もミズナラと同様に、花粉を介した個体間の結びつきによって、個体が内部に持つ変動傾向が同調するなら、変動係数はある程度高くなる。

佐竹・巌佐モデルで示されたようにして個体間で同調して結実変動が起こるならば、開花に一定以上の資源の蓄積を必要とし、ある程度花に比べて大きな果実を作る樹木ならば、そして自家受粉しないなら、自動的に同調繁殖が起こるようになる。

これに、「なんのために」同調繁殖をするのか、樹木によって違った事情が働いて、結実変動の様子も違ってくることが考えられる。ドングリは種子分散に種子食動物の貯蔵行動を利用しているから、種子捕食者が単なる捕食者であるシデ類とは違った変動の作り方をしているはずなのだ。

さらに言えば、花粉が来るかどうかまで待たなくても、花芽を作る段階で、ほかの個体が花を作るかどうかわかれば、もっと無駄を少なくできるし、個体間の同調も可能なのではないか。奥多摩のドングリの場合、前年の気象と結実量の関連は見つからなかったから、花芽を作る段階では個体間の同調を作る手段がないように見える。しかし、例えば揮発性の物質を介した通信手段があれば、あらかじめ隣の個体に合わせて花芽を作ることもできるのではないか。

樹木の生長とドングリ作り

ドングリの森である二次林は、幹を燃料にするために定期的に皆伐されていた。樹木は切り株から萌芽して、また体を作り直すことを繰り返してきた。この再生の過程で、いつから、どのように繁殖するか、樹木も悩むだろうし、樹木個体のプランによって森全体のドングリの量も影響を受ける。奥多摩で調査をしている森も、伐採してから生長する途上のものだった。それでも、生長しきる前からドングリは落ちてくる。

一般に植物は、若いときは生長に専念していて繁殖しない。いつから繁殖を始めるかは、植物が生きている環境と深くかかわっていて、樹木では、より開けた場所を利用するものほど、小さく若いうちから繁殖する傾向がある。

「桃、栗三年、柿八年」というように、クリは小さいうちから繁殖を始めるので、果樹として扱いやすい。野生のクリでも、高さ四メートル足らずの細い木にクリが実り、その木にクマが登って枝を折った跡を見たことがある。

コナラも低木の状態で開花・結実する個体がかなりあるようだ。[※11] 雑木林では、伐採してから萌芽枝が生長するまでのあいだ、ドングリができない期間がある。この期間は、コナラではかなり短いと考えていいだろう、しかし、木が小さければできるドングリの量も少ないだろう。

では、ドングリを作る上で、母樹個体の状態は、どうかかわっているだろうか。樹木個体の大きさは、光合成生産量に直結する。

ドングリの落下量を調べてきた一七年間の、奥多摩のドングリの平均落下量を、木の大きさと比べてみる。峰のコナラとミズナラでは、樹冠面積の大きいものほどたくさんのドングリを落としていた。しかしほかの森のミズナラとクリは、木の大きさを表すどんな指標（胸高直径＝もっとも太い幹の直径、胸高断面積＝複数の幹の合計、樹冠面積）とも関係がなかった（図8—1）。

調べている個体はすべて林冠木だから、極端に小さいものはないとはいえ、奥多摩の森では母樹の大きさは、ドングリの落下量と深い関係がない。小さい木でも比較的多くのドングリを落と

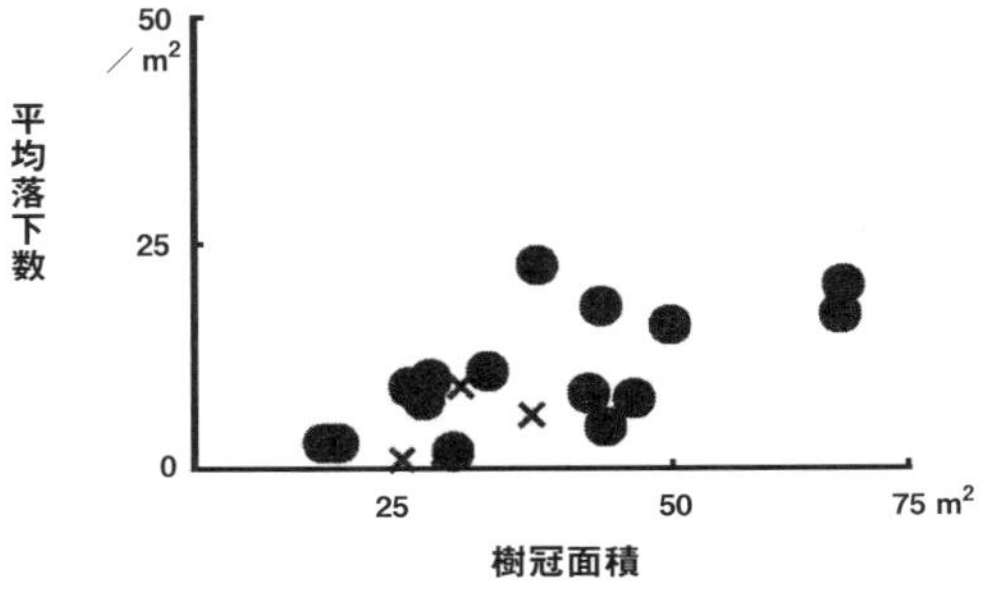

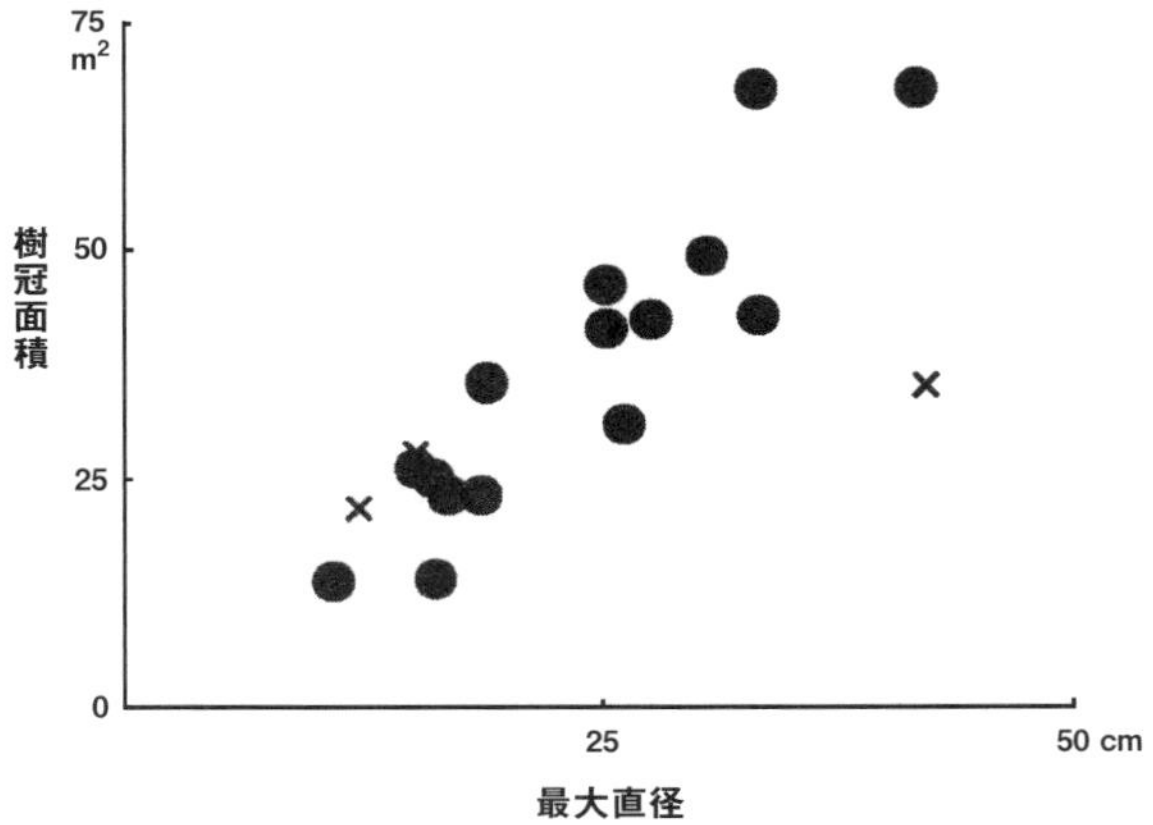

図８－１　木の大きさとドングリの落下量。直径が大きいほど樹冠面積が大きく、太いのに樹冠面積の小さい個体は枯死した。しかしドングリの落下量は、樹冠面積とはあまり関係ない。

しているものがある一方、太い木でもあまりドングリを落とさない木もある。

ドングリ落下量を個体別に調べた例は少ないが、北米のドングリでも、直径二五センチメートル以上の大きな個体ではドングリの落下量が多い傾向があるとはいうものの、絶対的なものではなかった。※12

樹木の死

3章でも触れたが、調査地で枯死する母樹が生じた。そして、奥多摩では途中で枯死した木は、落下量が一貫して少なかった。

今までに枯死した木は、峰のミズナラでは、一七本中三本あった。そのうち一本は最も太いクラスの個体だった。残り二本は比較的細く、二次林が育って樹木間の競争が始まり、その中で負けた個体のようだった。

倉掛尾根のミズナラのうち、枯死した一本も同じ状態だった。二次林として継続して使われていれば、こうした立ち枯れは起こらなかったのではないだろうか。

クリで枯死した二本は、一番小さいものではなかったが、全体の中では小さいほうで、これも樹木間の競争に負けた個体のようだ。枯死が競争の結果なのかどうか、判断する決め手はないが、それまでドングリの落下量が少なかった個体なので、長年にわたって弱っていたものだろう。峰で枯死した太い個体は、幹が太い割には樹冠面積が小さいという特徴があった。もし温度や湿度、日当たりなどの環境に差がなかったとしても、樹木の隣の木との関係は、個体によってまったく違うことがある。幹の太さに見合うだけ大きく樹冠を広げている個体もあれば、窮屈な思いをしている個体もあるだろう。

窮屈な個体は、光合成生産の余裕があまりなく、繁殖も思うようにできないかもしれない。調査を始めたとき、どの森も空はすでに樹冠で埋め尽くされていて、どの木もそれ以上横には広がって行けない状態になっていた。

最も早く立ち枯れが起こった森は峰で、調査を始めて七年目のことだった。その前から、峰ではヤマザクラなどのドングリ以外の種の樹木の枯死は起こっていた。

峰の二次林は、ほかの森と比べても樹木一本一本が太く、背も高かったから、一番最初に樹木間の競争の影響が、枯死という結果にまで至ったのかもしれない。峰の森には、ドングリの落下量が一貫して少ない個体がほかにもある。次に枯れる木は、この中から出るのだろうか。

間伐からの再生過程でのドングリ作り

倉掛尾根の森では別のことが起こった。調査を始めて間もない一九九四年の冬、間伐されたのだ。その結果、一九九五年と一九九六年の秋のドングリの落下量はほぼゼロになった。間伐直後は林冠に隙間ができて、林床が明るくなったため、低木が今までにないほど繁茂し、高木も、繁殖よりは開いた空間に枝を伸ばすことを優先したようだ。

林冠の隙間は三年目にはほぼ埋まり、同時にドングリの落下も再開した。一旦空を埋め尽くすまでに生長した森では、大きく生長できるチャンスはなかなかない。たまたま隣の木が枯れたり、大枝が折れたりする幸運があって、生長のチャンスが生まれれば、それを最大限に生かすように、樹木も反応するだろう。そのとき、繁殖はとりあえず後回しにして、その分のエネルギーを生長に回した結果が、二年間の繁殖休止だったと考えられる。

倉掛尾根のミズナラの落下量は、繁殖を再開した一九九七年以降、結実変動を起こしながらも順調に増え続けて、樹木の生長を示しているかのようだ。

倉掛尾根以外の森のミズナラやコナラも、豊作時のドングリの落下量はだんだん多くなっていて、二〇〇七年の豊作では、今までで最も多くのドングリが落ちてきた。個体の中には、ドングリをあまり落とすことなく死んでいくものがあるのに、森全体のドングリの量は、生き残った木の生長に伴って多くなっていく。

二次林を雑木林として使っていたとき、個々の樹木は競争が深刻になる前に、伐採されて生長の振り出しに戻されていたから、作られるドングリの量も、少なく抑えられていたのだろうか。使われなくなって放置された二次林は、より多くの果実を作る、より豊かな森へと変貌していくのだろうか。これらの森がこれからどんな姿を見せてくれるのか、答えは未来に残されている。

ドングリを作る意味

樹木がドングリを作ることは、未来に命をつなぐことにほかならない。いくら栄養豊かな餌になるといっても、動物に食べられるために樹木はドングリを作っているはずがない。しかし、種子が移動するための代償に、餌としての価値を高める選択をしたのがドングリだ。

元々保存に適した種子という餌は、冬に備えて餌を貯めておきたい小型の動物にとって特別な魅力がある。その魅力をもっと大きくすれば、選択的に貯蔵されるだろう。

餌として価値があることで、ますます多くの動物を引き付けて、その分食べられて無駄になるドングリが増えたことだろう。しかし森はすでに大きくなった樹木で埋まっているから、ドングリは食べられなくても生き残る機会は多くない。それよりも動物の貯蔵行動を通じて分散する機会を増やし、一つでも多くのドングリを良い場所に運んでもらい、一つでも多く生き残る道を開くほうが良い。

ドングリに引き付けられる動物は、ドングリにとって役に立つ動物ばかりではない。ツキノワグマやニホンジカなどは、たくさん食べる上に持ち運んではくれない、歓迎したくないお客さんだ。こんなお客さんがいることも知った上で、本当に来てほしい相手に十分な貯蔵をさせるためには、一時的に動物たちを全部まとめて飽食させるのは効果がある。いくら大食漢だといっても、一日に食べる量には限界がある。大型動物が食べるのに何日もかかっているあいだに、小形動物が好きなだけ持ち去ることも可能だ。

樹木個体がこの目的のために少し多めのドングリを作ろうとすると、一年分の余剰栄養では足りなくなり、栄養を貯める期間が必要になる。すると、毎年同じようにドングリを作るのではなく、ドングリの少ない秋ができる。隣近所に同じ種の仲間がいるなら、一緒に豊作にしたほうが効果的だ。けれども豊作と凶作の差をどこまでも大きくする必要はない。動物たちを飽食させるのは、一時でいいのだから。

このためには同じ種の個体同士が、「何か」を通じて結びつかなくてはならない。佐竹・巌佐モデルはその「何か」が花粉だと仮定したが、私は別の可能性もあると思っている。

樹木にも、ドングリを作る上で別の制約が生じることがある。木が小さいうちはドングリをたくさん作ることはできない。また、隣の木に圧迫されて十分光合成ができない状態では、自分の体の維持で精一杯で、ドングリをたくさん作ることはできない。

人が二次林として使っていれば、十数年に一度は皆伐する。樹木はドングリを作るよりもまず体を作らなければならないし、隣の木との関係を有利にするには、少しでも速く、高く伸びなければならない。そのために一時ドングリ作りを休むことになっても、体作りを優先するべきときはある。間伐があれば、空いた空間を手に入れるチャンスだから、ドングリを作るよりも先に枝を伸ばすべきだ。

今の自分の生長と未来に向けてのドングリ作りのバランスをどのようにとっていくか、成長途上の森では、樹木も悩むことだろう。

繁殖と生長のバランスは、植物にとっていつも悩みのタネだ。

9章　ドングリをめぐる複雑な関係性

ここまでにドングリにかかわる動物とドングリの関係について、いろいろな側面から考えてきた。しかしドングリの持つ性質は結実変動も含めて、どうしても単純な関係には還元できない。そこでもう少し動物との関係、動物同士の関係、そしてドングリ同士の関係を掘り下げてみよう。

一対一の関係

ドングリを食べる動物は、ふつうドングリだけを食べるのではないから、ドングリとその動物の関係を考えるだけでは済まない。食べるものと食べられるものの関係の中で、植物が生き残りを増やすように働く、捕食者飽食仮説が成り立つかどうかを考えるときでも、性質の違う動物が何種類もいたのでは考えにくい。

昆虫は脊椎動物よりは食性の幅が狭く、ドングリだけ食べる昆虫が何種類かいる。コナラやミズナラのドングリに入って、子葉と胚軸を食べる虫の最大勢力はコナラシギゾウムシだ。シギゾウムシに入られたドングリは、時には落下するドングリの半分以上を数え、ドングリには深刻な問題になるのではないかと思われ、結実変動はシギゾウムシの数を抑える役目があるのではないかと考えた。

ところがシギゾウムシは休眠を延ばして不作を乗り切り、ドングリの結実変動を見事出し抜いていたのだ。これでドングリはシギゾウムシに食べ尽くされないではいるが、豊作でも三分の一以上のドングリがシギゾウムシの揺りかごと化すのを止められない。

シギゾウムシがドングリに入って子葉を食べても、それだけでドングリが死ぬわけではない。ドングリの持っている栄養は、元々過剰で、半分くらい食べられたとしても、胚軸さえ残っていれば発芽する。とはいえ、シギゾウムシが開けた脱出口からほかの虫が入って胚軸を食べてしまったり、カビが侵入してドングリがダメになることもあるから油断はならない。

胚軸はドングリの尖った先にある。シギゾウムシは殻斗の上の端付近に穴をあけて産卵するから、孵った幼虫は、胚軸からは遠いところから食べ始める。産卵穴をあける位置は、ドングリの果皮がまだ柔らかく、殻斗の厚みを考えても、穴が開けやすい場所だ。もっとも、稀には硬くなった果皮に穴を開けようとすることもあるらしい。

高尾山でウラジロガシのドングリを集めていると、小さいキノコが生えたドングリがあった。

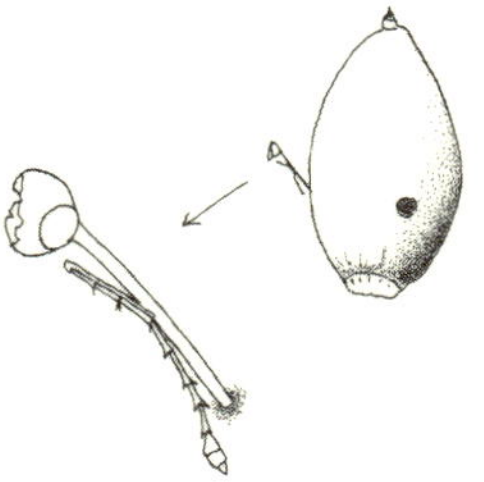

図9－1　ドングリに刺さったシギゾウムシの頭。ドングリはウラジロガシ。口が刺さった部分は殻斗のない、硬い部分であり、なぜこんなことになったのかわからない。

拡大して見ると、キノコの正体はシギゾウムシの頭だった。口を差し込んでいる位置は、果皮が硬くなっているはずの位置だ。彼女が産卵しようとしていたときには、殻斗の下の果皮も硬くなっていたのかもしれないが、試みは失敗して、口先を差し込んだ状態で息絶えたようだ（図9－1）。

コナラ属のドングリにはタンニンが多く、動物には食べにくい。ドングリを食べる動物は、これ

をなんとかしないと十分食べられない。このタンニンの濃度を操作して、胚軸を守っていることがある。※1

ドングリを横半分に切って、上（胚軸側）と下（殻斗側）を別々にタンニンの濃度を測ると、胚軸側のほうが殻斗側より濃度が高かった。このためだろう、ゾウムシもリスもカケスも、ドングリの殻斗側を良く食べて胚軸側は残すことが多かったという。

ミズナラではどうか。タンニンの濃度を測ることは、現状では難しいので、ミズナラのドングリを、落下量を数えるサンプルとは別に集め、虫が脱出した後で一〇〇個以上割ってみた。虫は食べるドングリの場所を選んでいるだろうか。

一三七個の脱出口のあるミズナラのドングリを割った結果は、脱出口の位置、食害量とも、胚軸に近い部分では少なかったが、その差は小さく、胚軸に近い部分が食べられにくいと言えるほどではなかった。

卵は胚軸とは反対側に産まれるので、それだけでも胚軸は多少食べられにくくなるのではないか。ミズナラでは、胚軸を積極的に防衛しているとは言えないし、その効果も上がっていない。シードトラップに落ちる哺乳類による食痕も、ほとんど丸ごと食べられていて、食べ残しがあるときも、残したというより、食べている最中に何かに驚いて落としたもののようにしか見えない（図9－2、9－3）。

ヒメネズミは、細くて食べやすい胚軸側を良く食べるという観察がある。※2

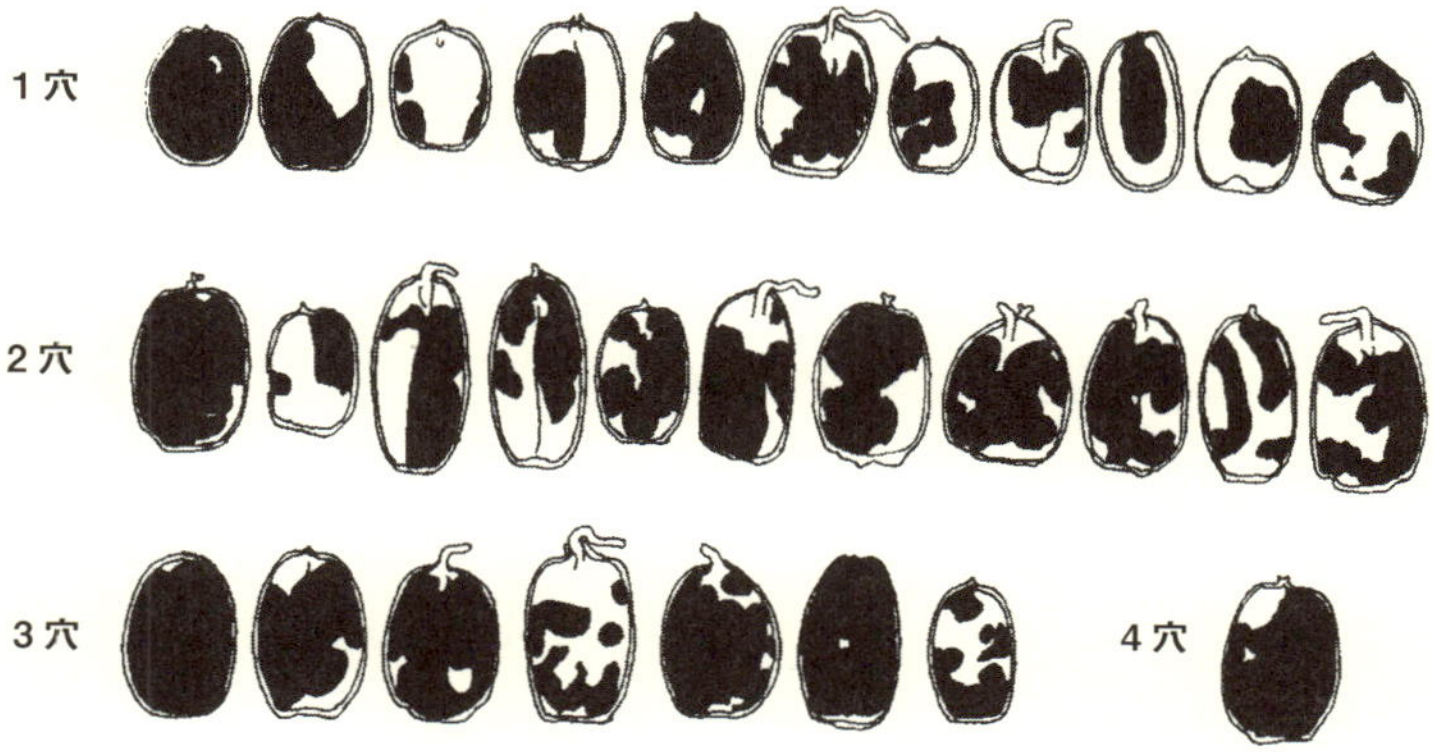

図9－2　ミズナラのドングリの食害状況。黒い部分が食べられた部分。

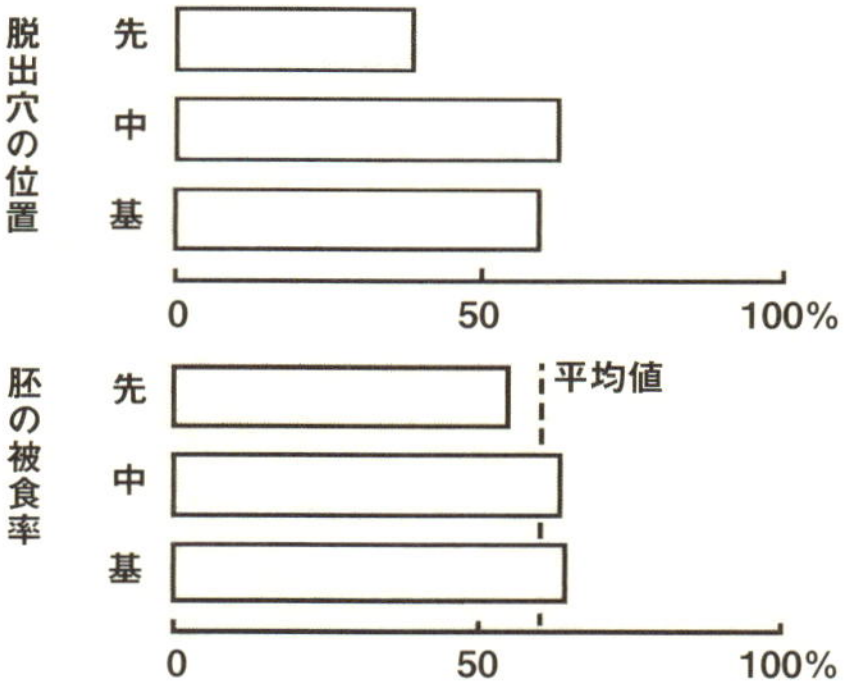

図9－3　脱出穴の位置(上)と胚の被食率。

北米のリスは、秋に根を出すタイプのドングリを、わざわざ胚軸を齧ってから貯蔵するものまでいる。[※3] これは、子葉に蓄えられた栄養を、冬のあいだも子葉に保って、餌の価値を落とさない働きがある。同じリスが、秋に根を出さないタイプのドングリなら、齧らないでそのまま貯蔵する。こんなことをされたら、胚軸付近のタンニン濃度を濃くしても、何にもならない。

昆虫が食べる場所を選ばないなら、もっと大きな脊椎動物は、一部を食べ残すようなことはしないだろう。ドングリには手ごわい相手が何種類もいる。

シギゾウムシの食害率が高いからといって、ドングリはシギゾウムシだけを相手にするわけにはいかない。

第三者の介入

落ちたドングリの中でシギゾウムシが育っている頃、さまざまな脊椎動物がドングリを食べ、運び去る。虫入りドングリは、大部分が虫の糞に置き換わるので、脊椎動物の餌としては質が劣る。ただ、虫本体はドングリよりも質の高い餌になる。

人が食べても、シギゾウムシの幼虫はおいしい。ドングリにとっては、どちらも歓迎できない相手だが、もし丸ごと食べる脊椎動物が、虫が入っているかどうかを選ぶ基準にするなら、三者の関係はややこしくなる。

北米のアオカケスは、ドングリだけ食べると痩せてしまうが、虫入りドングリならば、太ることができる。ところが、アオカケスは、体にいい虫入りドングリよりも、虫の入っていないドングリのほうを好むという。[※4]

好みは、体にいいものを選ぶとは限らないのだ。例えば虫が入ることで、ドングリの味が悪くなり、その結果アオカケスが食べなくなるのなら、これは虫の命を守ることになり、結果的に虫の勝利だ。虫入りのクリは人にとってはおいしくないが、野生動物は不味くなったクリを避けるのかどうか、何も情報がない。

曽根さんたちの観察では、[※5]虫の入ったマテバシイのドングリは、健全なドングリが大部分持ち去られ、残ったドングリが少なくなってからやっと持ち去られるようになった。虫が入ったことで野ネズミに食べられなくなるなら、虫はドングリの生き残りに貢献していることになるが、持ち去られなくなるのでは、種子が散布されず、生き残ることはできない。

この観察では、人があらかじめ虫入りかどうか見分けておいてから野ネズミに持ち去らせているが、ドングリの中に幼虫がいて、それを野ネズミが見分けられるなら、結果は違ってくるのではないか。

人が、虫がまだ脱出する前に虫入りかどうかを見分けるのは簡単ではない。野ネズミなら、匂いで見分けることもできそうだ。ヒメネズミは、少なくとも脱出口の開いたドングリは、避ける傾向がある。[※2]

虫は自分がドングリを食べて成長するだけでなく、ほかの動物に食べられないようにもしなければならない。ドングリの中は成長する虫のシェルターにもなっているが、虫がいるかどうか区別なく食べる大きな動物も多い。野ネズミが避けてくれるくらいでは、自分を守れない。シギゾウムシを含め、ドングリを食べる虫が、成長期が終わったら、すぐにドングリから出てしまうのは、こんなところに理由があるのかもしれない。

貯蔵をめぐる争い

野ネズミがドングリを運んで貯蔵するとき、競争相手がいると、遠くまで運ぶようになる。[※5]オランダのカケスも、一羽だけで一本の木からドングリを集めているときは貯めずに食べていて、二羽目が来ると貯蔵を始めるという。[※6]運ぶドングリの数によって運搬する距離が違うのも、ライバルの存在があるのではないか。

動物がドングリを集めるとき、同じ場所に来るのは自分だけではない。自分と同じ種・違う種のライバルが、入れ替わりやってくるのがふつうだから、貯蔵行動を考えるとき、そこでの動物同士の関係を考えなければならない。

鳥や哺乳類は、社会行動が発達した動物だ。昆虫とは違う複雑な関係の中で、彼らは生活をしているはずだ。

例えば餌台からエゾリスが餌を持ち去る。一匹だけなら単純な観察である。ところが、二匹目が来ると様子が変わる。狭い餌台では二匹の力関係が顕わになる。劣位個体は餌を遠くに運ぶようになる。※7

同じ餌台にニホンリスとカケスが来るとき、カケスが一番好きな餌を取れなかったのは、※8狭い餌台で力関係が表に出たからだろう。もし餌が一〇メートル四方に散らばっていれば、カケスも一番好きな餌を持って行けたかもしれない。

盗みもある。分散貯蔵をまねて人が埋めたドングリを、野ネズミは持ち去った。※9ヒメネズミは、自分が埋めなかったものを回収することはなかったが、アカネズミとエゾヤチネズミは、自分が埋めたはずのないドングリを、遠慮なく見つけて持ち去った。しかも、アカネズミは仕事が早かった。アカネズミがこんなことをするなら、貯蔵した種子の盗みは深刻な問題になるはずで、盗まれにくい貯蔵の仕方を工夫する必要があるだろう。また、盗みの連鎖で、一匹の運搬では及ばない遠くへ運ばれる可能性も出る。

岩手県で、トチノキの種子の、野ネズミによる運搬を追跡すると、同じ種子が何度も貯蔵されてはまた運ばれて貯蔵されるのが観察された。※10一回に運ばれる距離は半分以上が一メートル以下と短いが、最終的には個体の行動圏を逸脱したところまで運ばれたものがあった。短距離の運搬は一時貯蔵によるものだろう。遠くへの運搬は、盗みの連鎖があったのではないかと思われる。

ニホンリスが貯蔵した種子も、野ネズミに盗まれる。餌台から持ち去ったオニグルミを、ニホンリスは樹上と地中に分散貯蔵したが、樹上のクルミの二五パーセント、地中のクルミの四四パーセントが、アカネズミに盗まれた。[※11]餌台から遠くに運んで貯めるほど盗まれにくいらしい。母樹近くに貯めたものを、人がネズミのまねをして盗むと、リスはもっと遠くに運ぶようになったという。[※12]

分散貯蔵は盗みを減らす役目がある。分散貯蔵でも、あまり高密度に埋めると、盗む側はそこを熱心に探すようになるから、ある程度密度を低くしたほうがいいだろう。ではどのくらいの密度ならその効果があるのだろうか。

実験的にクルミを埋める間隔を変えて持ち去らせたところ、クルミ間の距離が大きくなると、残るクルミが多くなり、初めのクルミの密度によらず残るクルミの密度は大体一定になってしまった。[※13]

適切な貯蔵密度とは、盗む側の努力が、盗みに成功したときの報酬に比べて大きくなり、探す意欲をなくす程度の密度なのだろう。盗みとは言っても、当の野ネズミには盗んでいるという意識はなく、単に餌を探しているだけだ。高い密度で埋まっていれば、探すに値する餌場だと思うのだろう。しかし盗まれる側にはショックだろう。

餌を貯蔵することは、動物にとって自分の近い将来の生活と直結している。餌を集めるときには、競争相手がいるところで、できるだけたくさんの餌を集めたい。貯めた後では、盗まれにくいようにしたい。ドングリは、いろいろな動物に狙われる。

貯めたドングリも安全ではない。競争相手が多いほど遠くに運ばれ、盗むものがいると分散貯蔵を増やすというのなら、植物にとって好都合な状態ができあがる。より多くの動物に餌として魅力的であれば、動物同士の力関係を利用して、ドングリは首尾よく種子散布を行い、生き残る道を拓いていくことになるだろう。

結実変動の大きさの解釈

もう一度変動係数について考えてみよう。ドングリは、一生に何度も繁殖する樹木の中では、変動係数がそれほど大きいほうではなかった。これは、最初不思議に思ったが、ドングリの種子散布をめぐってはたくさんの動物がひしめいていて、単に変動を大きくすればいいという状態ではないのかもしれない。何種類もの動物が多量のドングリを欲しがる中で、貯蔵する動物を使いたいドングリの、結実変動はどうあるべきだろうか。

二つの有力な仮説、風媒花の受粉効率仮説と捕食者飽食仮説の二つとも、変動係数が大きくなることが期待される。風媒花の受粉効率仮説が成り立つなら、開花する際にできるだけ一斉にたくさんの花を咲かせるほうがよく、花が少ないときはなるべく花を節約して、多量開花のために栄養を蓄えたほうが良い。

また、捕食者飽食仮説が成り立つなら、不作のときはできるだけ実を作らないで、その分豊作のときにより多くの実を作るために努力を集中したほうがいい。また、種が違っても共通の敵を抱えているなら、種間でも同調しているほうがいい。

繰り返し登場している、北茨城・小川の学術参考林の記録では、同じ風媒花のシデ属の樹木の変動係数は一・六〜二・三という大きな値であるのに、ミズナラは〇・九、コナラは〇・六でしかない。[※14]この数値は、奥多摩のミズナラ、コナラと同じような値だから、意味があるはずだ。

シデ属はすべて風散布種子を作る。種子本体は小さく、大きな動物が食べるとは思えないが、金華山のニホンザルは、この種子を一個ずつ拾っては噛み割って食べる。小型の種子食の鳥には、十分魅力的な大きさで、何種類もの鳥が食べるだろう。ネズミが食べるかどうかの情報は全くないが、ネズミにとって餌としての魅力がないとは思えない。種子に穴をあけて食べる昆虫以外にも、シデ類の種子には敵が多いはずだ。

これらの動物は、シデ属の種子にとっては共通の敵であり、また敵以外の何者でもない。そこで変動係数を大きくして、飽食させる意味は十分ある。むしろ、風散布で動物に種子の分散を頼らないからこそ、種子を食べる動物は純粋に種子の捕食者なのであり、飽食させて食べきれない種子を作らなければならないのだ。そこで結実変動を大きくして、なおかつ種間でも変動を同調させて、種子を食べる動物に対して似た価値のある餌の、非常に大きな量の変動を創り出す。シデ属の結実変動のあり方は、捕食者飽食仮説が予測することときれいに一致する。

ほかの風散布種子の変動係数を見ると、ヨグソミネバリが一・二、イタヤカエデが一・四と、どれもドングリより大きい。

ミズナラ、コナラでは、動物を飽食させてドングリの余りを出す必要はあるが、単純に余らせれば良いというものではない。それはドングリの種子散布＝移動が、貯食動物の行動如何にかかっているからだ。ドングリは、貯蔵する動物に十分貯蔵させた上で、その貯蔵分が余るように仕向けないといけない。それには、どうすればいいか。

一度にたくさんドングリを作ることは、必要だろう。ドングリが少なければ、貯蔵した分は全部消費されることになる。食べる以上に貯める無駄をさせるには、動物間の競争を利用することが有効なのではないか。狭い餌場に動物が集中すれば、リスやネズミはより熱心に、遠くに貯蔵し、盗みがあればさらに遠くに分散貯蔵する。

大きな動物がおなかいっぱいに食べても何日分もあるなら、その間に小型の動物は十分に貯蔵することができるだろうし、餌を集めるのと同じ場所で大型動物がたくさん食べるという状況の下では、小形動物は餌があるあいだは餌集めに可能な限りの努力を注ぐだろう。

ドングリは、冬までには木の下からなくなってもかまわない。ドングリが木の下に残ったところで、ドングリが生き残ることには決してつながらない。

ドングリは、「一時的に」捕食者を飽食させる程度の豊作を作ればよく、不作との差をシデ類のように大きくする必要は、あまりないのではないか。

ことさらに不作を作らなくても、種子や果実はしょせん季節的な餌で、春、夏には、ドングリは食べられない。それが、ミズナラやコナラの変動係数があまり大きくない理由ではないか。

ただ、ミズナラの落下量を調べた例は多く、それらを比べると、地域によっては大きな変動係数になっている場合があるようだ（表9－1）。

変動係数の大きなところは、北海道、岩手で、一・四かそれ以上になっている。中部地方・西日本の記録がないので、地域的な傾向があるのかどうか、断定はできない。が、北海道、東北で変動係数が大きくなっているのが一般的な傾向として認められるなら、何か理由があるはずだ。それは、共存するドングリの種数が少ないことが、影響しているように思えてならない。

これらの地域の森では、ミズナラはどんな状態で生きているのだろうか。

もう一つ気になるのは、ブナはドングリでありながら変動係数は二・七、イヌブナは一・六と、か

表9－1　ミズナラの変動係数の地域間比較（カッコ内は健全種子の値）。

地域	変動係数	調査年数	出典
日光	0.88	5	Kanazawa 1982 ※20
日光	1.16	5	Kanazawa 1982 ※20
北茨城・小川	0.7（0.8）	8	正木・柴田 2005 ※21
北茨城・小川	0.9	9	Shibata et al. 2002
カヌマ沢	0.8（1.5）	12	正木・柴田 2005 ※21
北海道	2.5	13	倉本 他 1995
岩手安比	1.4（2.1）	17	正木・柴田 2005 ※21
北海道	1.37	19	Imada et al. 1990 ※22
北海道	1.25	19	Imada et al. 1990 ※22
北上山地	1.4（2.2）	23	正木・柴田 2005 ※21

なり大きな値になっているところだ。ブナは一部一前後のところがあるものの、ほかの地域でも変動係数が大きい。

ブナ、イヌブナはドングリが小さく、渋がなく、ミズナラ、コナラとは大分性質が違い、餌としての質も違っている。このことが生き残りをかけた「選ばせる」作戦の一環として、ミズナラやコナラと違った結実変動のさせ方を採用しているのかもしれない(表9－2)。

そして、ミズナラとは逆に、北海道、東北北部で変動係数が小さくなっている。このこ

表9－2　ブナとイヌブナの変動係数の地域間比較。

地域	変動係数	調査年数	出典
ブナ			
京都芦生	2.25	7	Saito et al. 1991
三重県御在所	2.23	7	Hiroki and Matsubara 1995 ※23
長野県穂高	1.12	7	Hiroki and Matsubara 1995 ※23
福島県磐梯山	1.3	7	Hiroki and Matsubara 1995 ※23
北茨城・小川	2.7	9	Shibata et al. 2002
富山県友峰	1.65(2.24)	10	金子 2001 ※24
東北北部	1.09	12	Suzuki et al. 2004
秋田中部	1.44	12	Suzuki et al. 2004
東北南部	1.23	12	Suzuki et al. 2004
北海道5ヶ所	0.84～1.24	13	Kon et al. 2005
埼玉県秩父	1.52(2.25)	16	梶 他 2001 ※25
イヌブナ			
北茨城・小川	1.6	9	Shibata et al. 2002
埼玉県秩父	1.68(1.96)	16	梶 他 2001 ※25

とも謎だ。ブナが森の中でほかの樹木と、そしてブナ同士でどんな関係を持ってドングリを作っているのかが、かかわっているのではないだろうか。

失われた関係性

奥多摩に自然林はごく少ない。それも山奥の、集落からも遠い場所にあるだけだ。そこさえも、本当に自然林だという保証はない。日原谷の奥、雲取山の北面に広がる森は、東京都が水源林として買って以来一〇〇年、伐採の手が入っていない森で、自然林らしい姿に見える。ここでは、ドングリの落下量を調べてきた二次林とは違って、ミズナラは森の主役ではなく、さまざまな種類の樹木がごちゃごちゃと生えている。

標高一四〇〇メートルのところで、数が多いのはイヌブナ、太い木はミズナラ、そのほかに少数のブナが混じり、ドングリ以外のシナノキやカエデ類が多い。約一ヘクタールの中に、高さ一・三メートル以上の樹木は五四種を数えた。高木の高さは二〇メートル以上、ミズナラの直径はどれも一メートル近い。[※15]

奥多摩の二次林は、場所によってさまざまな形を取るが、放置された場所でも樹木の高さは二〇メートルに達せず、直径は二〇センチメートル程度までだ。それだけ一本の木が占めている空間が小さく、また、標高一〇〇〇メートル以上ではミズナラが優占していて、ほかの種類の木が少ない。

ふつうイヌブナ、ブナはないが、場所によっては多少混じることがある。このような種類構成は、人間が手を加えて作り上げたものだ。樹木の種類数が少ないことは、それだけ森としては単純だということだ。

一方で、奥多摩地域には本州にいる哺乳類の大部分が棲んでいて、特に大型動物がすべて、これまで途切れることなく生活し続けてきたことは、特筆に価する。ドングリは、ずっとツキノワグマやイノシシに食べられ続けてきたし、彼らがドングリを食べる間に野ネズミやニホンリス、カケスが貯食に励んできた。ドングリをめぐる動物間の軋轢も保存されているように見える。

しかし、動物の生活を支えてきた森は、いつの頃からか二次林に変わっていた。そこでは自然林にはありえないほど多くのミズナラがあり、ブナ、イヌブナはほとんど失われた。樹木の世代交代は人の干渉によってゆがめられていたから、ドングリが生き残りをかけて行ってきた結実変動が、どこまで有効だったかわからないし、その結果は、樹木の生き残りを人が操作して作った現在の森の構成には、反映されていないはずだ。

二次林は人が生活する過程で、人が意図せずに作り上げた森だ。その二次林は豊かで、生物多様性を保存してきたと言われるが、本当だろうか?

確かに多様な生き物が生活する森が、人と共存してきたことは確かだし、里山・里地は農業と不可分に結びついて独自の生態系を作り、安定して存在し続けてきた。それが近代になって、農地以外の目的に土地が転用されるようになって、急速に二次林が失われた。近年はこれを見直す動きが広まっている。これはいいことなのだろう。少なくとも、一方的だった「開発は善」であるという考えが見直され、自然と生活を省みるきっかけとしてはよかった。

奥多摩でも自然林がほとんど存在しない以上、何がどのように豊かなのか、比べる手掛かりは非常に乏しい。しかし奥多摩には、少ないながら自然林らしき森が残っているので、いくらか手がかりが得られる。

〈東京都最奥の森のドングリ〉

日原谷の奥、雲取山の北東斜面に発達する森は、集落から遠いためにほとんど利用されてこなかったと思われる。面積は七〇〇ヘクタールあまり、標高一〇〇〇メートルから一八〇〇メートル付近までは落葉広葉樹林だ。植生分類の一つの方法では、「ブナクラス域」に当たる。

この森では、優占種がはっきりしない。ふつう本州の冷温帯林はブナ林と呼ばれ、太平洋側では林床にササの一種であるスズタケが優占することの多い、スズタケ－ブナ林とされる。ところがこの森では、一部にブナがまとまって見られるところがあるものの、全体ではブナは少数派だ。これには地形が複雑で急なことも影響しているかもしれない。しかしどの樹種が多いのか、すぐには決められないほどたくさんの種が生きていて、あえて高木で一番多い種は、と言えば、数ではイヌブナだ。

この森のドングリは、ブナ、イヌブナ、ミズナラの三種で、三種とも林冠を作っている。しかし亜高木や低木の状態の木は、三種ともない。したがってこの三種のドングリは、奥多摩のやや標高の高い自然林では、森の外または林冠ギャップへと移動したい立場にあるはずだ。移動手段はともに小動物による貯蔵だから、同じ散布者に頼っている。そして大型動物の捕食者も共有している（昆虫は共有しない）。

ブナ、イヌブナのドングリは小さく、渋がなく、貯蔵栄養は脂質が多い。ミズナラのドングリは大きく、苦く、貯蔵栄養はデンプン主体だ。三種のドングリが揃えば、どの動物もブナ、イヌブナを選ぶだろう。

ところが、この森のブナは、中身のない殻だけの果実をたくさん作る。充実率はいちばん良かったときで四七パーセントと、半分を下回り、ひどいときは一パーセント以下だった。[※16]

奥多摩より標高が低く、温暖な高尾山にもブナはあり、高尾山のブナの充実率が低いことは以前から知られている。この原因は、温暖すぎるために生理的な障害が起こるからだとか、個体密度が低くて受粉がうまくいかないからではないか、などと根拠もなく言われていた。

しかし奥多摩と高尾のブナの実をたくさん集めて割って、どれだけ中身が入っているか調べると、高尾山より冷涼でブナの密度も高い奥多摩でも同じだった。この性質は奥多摩～高尾のブナに共通なのだ。それなら、単なる失敗や不具合ではない可能性がある。

イヌブナは多少殻だけのドングリも作るが、充実率が高い。ところが、イヌブナのドングリはブナのドングリとよく似ていて、外見だけでは慣れないと区別は難しい。ドングリの捕食者と散布者は、ブナとイヌブナのドングリを区別するだろうか？　また殻だけのドングリを見分けられるだろうか？　充実したブナのドングリは殻だけのドングリより重いが、殻がかなり重いので、重さの差は小さい。

三種のドングリの関係をさらに複雑にしているのは、結実変動だ。ブナとイヌブナは不作のときはまったくと言っていいほどドングリを作らない。特にイヌブナは徹底している。そして豊作の間隔は四〜五年と、ミズナラやコナラより長く、そのあいだ一部の個体が少量のドングリを作ることはあっても、並作はほとんどない。

これに対して、ミズナラは凶作でも多少のドングリを作り、豊作のあいだに並作をはさんで、不作は続かない。そして、三種とも別々に結実変動する。ドングリの調査を始めてからブナとイヌブナのドングリの落下も定性的に見ていたが、ブナとイヌブナが同時に豊作になったのは、二〇〇〇年の秋だけだった。この年はミズナラも豊作だった。

小さいが食べやすいイヌブナ、イヌブナとよく似た大きさと形と味で空のドングリが多いブナ、大きくて苦いミズナラのドングリが、さまざまな組み合わせで落ちてくるとき、ドングリを食べる動物はどうするだろうか。ドングリを貯蔵する動物はどうするだろうか。そして、首尾よく分散して新しい生活を始めることのできるドングリは、どのドングリだろうか。

さらに二次林と違ってこの森では、ドングリのなる木は多数派ではない。動物にとってはドングリが食べられる場所が限られているから、ドングリが実ると狭い場所に集まってくるのではないか（狭いといっても木が大きいから一本だけでも二〇メートル四方はある）。このことがどんな結果をもたらすか、興味は尽きない。

〈共存するドングリの関係〉

日本の森では、何種類かのドングリが共存する。冷涼な地域では種類数が少なくなるが、例えば高尾山のように温暖な山では、アカガシ亜属のドングリが五種類共存する。

高尾山の照葉樹林では、アラカシとシラカシがやや小さいドングリを、アカガシ、ツクバネガシ、ウラジロガシがやや大きいドングリを作るほか、アラカシは実る時期がほかのカシより遅いという特徴がある。

森の中での樹木の状態もちょっと違い、大きいドングリを作るアカガシ、ツクバネガシ、ウラジロガシは背の高い森で林冠を作る。アラカシは小さい低木として生きているものが多く、アカガシのように高くなれないようだ。アラカシが大きくなっているのは、林縁に限られる。

ところが、周囲の二次林にいちばんたくさん入り込んでいるのはアラカシだ。高尾周辺の二次林は、使われず、手入れされていないところが多い。低木を切らなくなったため、常緑樹が育っているのが目立つ。その常緑樹の中に、アラカシがたくさんある。

同じアカガシ亜属の常緑広葉樹でも、五種は生き方が違っているのだ。そしてドングリの性質は、その生き方に応じた差があるのではないか。発達した照葉樹林の外に生活場所を求めるアラカシは、小さいが遅く実るドングリを使って、適した生活場所の開拓に成功しているようだ。

森の樹木の種数が多くなれば個々の種の個体間の距離が開く。自然林では、隣の個体が遠いドングリが、二次林になると優占種になり、密集してドングリを作るようになる。私が奥多摩の二次林で見ているのは、このような状態のドングリだ。ミズナラやコナラが優占している森は、作られたものだ。

二次林が作られたのは人が定住してからのことだから、歴史的には最近のことになる。ドングリの性質はそれ以前にできたものであり、現在の二次林の形成に際しては、ドングリの分散と生き残りはかかわっていない。

奥多摩の森が二次林になって変わったことは、ミズナラ、コナラが（ときにはクリも）密集するようになったことだけではない。ブナとイヌブナが追い出された。標高一〇〇〇メートル以上の調査地では、ブナとイヌブナは共存していたはずだ。実際、ごく少数のブナ、イヌブナが調査地の近くに細々と生きていて、シードトラップに時々落ち葉が入ってくる。

高尾山では大型動物がいなくなったが、奥多摩では大型動物を含めて、すべての野生動物が生き続けている。ドングリの捕食者も散布者も健在ではある。しかしドングリの種類構成と密度が変わったことで、動物の生活も影響を受けているだろう。最も大きな影響は、餌の食べられる森が少なくなり、細切れになったことで、そのため、ニホンザルの群れの遊動域が非常に広い[※17]。これは食べていくのに十分な広さの落葉樹林を確保しようとすれば、そのあいだに無用な人工林が含まれて、遊動域が広がってしまったためと考えられる。これはツキノワグマでも同様だ[※18]。

大型動物は行動圏を広げて対応できるが、小形動物はどうしているのだろう。まず貯食するために餌を取りに行く範囲が影響を受けるはずだ。これはドングリの行き先を左右する。ドングリのなる木が密集していれば、ドングリが特定の木の下に集中しないから、木の下の動物同士の少し緊張した関係もゆるくなる。もしドングリが分散するために動物同士の緊張関係を利用しているとすれば、ドングリの行き先にも影響が及ぶのではないか。もし今、動物の行動を調べてドングリの行き先を知りたいと思っても、二次林で動物たちが見せる行動を、そのままドングリと動物の過去の関係にまで当てはめて良いのだろうか。

また動物の餌の選択肢が狭くなっているはずだ。二次林にはドングリ以外にも餌はあるが、自然林に比べて樹木の種類数が少ないからだ。ミズナラはたくさんあるが、ほかの果実が少ない森では、行動圏の狭い小形動物は、ミズナラが不作のときに代わりの餌を十分得ることができなくなり、個体数が大きく変わるかもしれない。その結果、ドングリの捕食も移動も影響されるだろう。単純な森では森全体の果実の量が大きく変動する。さらに、個々の樹木が小さいことで、果実生産は少なくなるだろう。

ミズナラのドングリが持っている性質は、ブナやイヌブナと共存するときに有効なものもあはずだ。ミズナラだけが多くなってブナとイヌブナがいなくなった森で、ミズナラのドングリは自らの生き方をどう支えているのだろうか。また、ブナやイヌブナが共存しているときは、そこで動物を介したどんなドラマが繰り広げられていたのだろうか。

ドングリの持つ性質を考えるとき、ドングリをめぐる動物とドングリの関係を抜きにして考えることはできない。ドングリと動物の関係だけでなく、動物同士の関係、ドングリ同士の関係もまた、ドングリの性質を作っていくのにかかわっている。ドングリを作る樹木の存在状態が変われば、動物の生活と行動も変わってくるだろう。それはドングリの生き残り作戦に、それまでとは違う影響を及ぼす。

現在の二次林での動物たちの行動は、森が人の手から開放された（放置された）ときに、ドングリの生き残り作戦をうまく実行してくれるだろうか。ドングリは現在のような結実変動をすることによって、ほかの樹木も生き残ろうともがいている中で、自分の未来を拓いていけるのだろうか。あるいはこのような状態で何世代か経つうちには、結実変動の様子もドングリの大きさも変わってしまうかもしれない。

奥多摩では、動物は生き続けている。樹木にも滅びたものはない。

しかし「種は滅びていないが、相互作用は滅びている」[※19]のではないか。

落葉後のクリ林。倉掛尾根にて。

あとがき

ドングリの落下量を調べようとしたとき、二次林を対象にしたのは、何度も通うのに便利な場所には、二次林しかなかったことと、現在の野生動物を支えているのは、現実には二次林だったことによる。自然林は不便な山奥にしかなく、その「自然林」さえも本当に人の手が加わっていないという保証はない。しかし、二次林はドングリが身につけてきた戦略を発揮して、ドングリ自身が生き残る場として適当だっただろうか。今になって疑問がわく。

ここで考えるための材料となった観察記録は、多くの人が時間と労力をかけて、そのときに可能な最善の手段で得たものだ。しかしそれらは特定の森の特定の関係の中で発揮された、一時の現象だったかもしれない。観察記録が蓄積されてくると、その中に矛盾や未知の要素が見えてくる。初めに予測したことが、裏切られ、考えが混乱することも多い。ドングリの生き方を考えるとき、最も頭を悩ませるのは、関わる動物の種類の多さと、動物の行動の複雑さ、柔軟さだ。この複雑さがあるから、一定の結果が出てこない。また柔軟さがあるから、森の大部分が人工林と二次林に変わっても、動物はそう簡単には滅びないし、人は豊かさが保たれていると錯覚する。

複雑なものを複雑なまま扱うのは、まだ時期尚早なのかもしれない。科学は単純な関係を選びだして成果を上げてきた。複雑なものからは、互いに矛盾することさえある事象の断片ばかりが出てくるように見える。そうかといって関係を単純化しようとしてもできない。これらを少しでも整理しようとしたつもりだが、参照できなかった成果や理論もあり、まだ見落としが多いかもしれない。

これから、結実変動の問題はどんな展開を見せるだろうか。

奥多摩のドングリの落下量も、今までとは違う段階に入ったように見える。母樹は生長してドングリの落下量は増える傾向にあり、二〇〇九年のミズナラの落下量は、二〇〇七年を上回った。野生動物においても、シカの増加が目に付き、そのため特に多摩川より南側の森の下層植生が、大きく変わろうとしている。下層植生が変われば、野ネズミの行動に影響するはずだし、それはドングリの行き先を左右することになる。

今できることは、それが不完全なものでも、できる限りの記録を残しておくことだけだ。

この問題を考えるきっかけとなった調査を依頼してくれた山﨑晃司さん、トラップの設置を手伝ってくれた白井啓さん、一〇年以上回収作業を手伝ってくれた櫻沢利明さん、中涼子さん、文献を探してくれた島田和則さん、岩本宏二郎さん、清水晃さん、また、どうぶつ社の久木亮一さんがいなければ、本にまとめることはなかっただろう。八坂書房の畠山泰英さんには、全体の構成から細かい表現に至るまでお世話になった。これらの方々に感謝します。

二〇一〇年七月　　森廣 信子

Evolution 36 : 800-809.
4. Steel, M. A. and Smallwood, P. D., 2002. Acorn dispersal by birds and mammals. Oak Forest Ecosystems. Ed. W. J. McShea and W. M. Healy, The Johns Hopkins Univ. Press : 182-195.
5. 5 章 -11 と同じ .
6. 4 章 -3 と同じ .
7. 林田 光祐、1988. エゾリスの社会行動が分散貯蔵の様式に与える影響 . 北海道大学農学部演習林研究報告 45（1）: 267-278.
8. 5 章 -29 と同じ .
9. 斎藤 隆 他、2000. ドングリを持ち去るのは誰か？ －「分散貯蔵」されたミズナラ堅果の消失－ . 北方林業 52（10）: 19-22.
10. 伊佐治 久道・杉田 久志、1997. 小動物による重力落下後のトチノキ種子の運搬 . 日本生態学会誌 47 : 121-129.
11. 5 章 -30 と同じ .
12. 5 章 -7 と同じ .
13. Stapanian, M. A. and Smith, C. C. 1978. A model for seed scatterhoarding: coevolution of fox squirrels and black walnuts. *Ecology* 59 : 884-896.
14. 5 章 -17 と同じ .
15. 森廣 信子他、1999. 雲取山北東面の落葉広葉樹林（1）森林構造の概要 . 東京都高尾自然科学博物館研究報告 18 : 1-10.
16. 森廣 信子、2002. ブナの果実に実が入らない？ 東京都の自然 27 : 33-38.
17. 白井 啓、1994. 東京の野生ニホンザル . 東京都の自然 20 : 1-22.
18. 奥多摩ツキノワグマ研究会、1996. 多摩川水系におけるツキノワグマの生態に関する研究 . 財団法人とうきゅう環境浄化財団 .
19. 6 章 -2 と同じ .
20. Kanazawa, Y. 1982. Some analyses of the reproduction of a Quercus crispula Blume population in Nikko. I. A record of acorn dispersal and seedling establishment for several years at three natural stands. *Jap. J. Ecol.* 32 : 325-331.
21. 正木 隆・柴田 銃江、2005. 森林の広域・長期的な試験地から得られる成果と生き残りのための条件 . 日本生態学会誌 55 : 359-369.
22. Imada, M. et al. 1990. Acorn dispersal in natural stands of Mizunara (Quercus mongolica var. gr osseserrata) for twenty years. *J. Jpn. For. Soc.* 72 : 426-430.
23. Hiroki, S. and Matsubara, T. 1995. Fluctuation of nut production and seedling appearance of a Japanese beech (Fagus crenata Blume). *Ecological Research* 10 : 161-169.
24. 金子 靖志、2001. ブナ落下堅果の周年変化 . 有峰の生き物たち 35-38. 富山県高等学校境域研究会生物部会・野外教材研究委員会、平成 13 年 .
25. 梶 幹男 他、2001. 秩父山地のイヌブナ - ブナ林における 17 年間のブナ類堅果落下状況 . 東京大学農学部演習林報告 106 : 1-16.

13. 5 章 -17 と同じ .
14. Shibata, M. et al. 1998. Causes and consequences of mast seed production of four co-occurring Carpinus species in Japan. *Ecology* 79 : 54-64.
15. Matsuda, K. 1982. Studies on the early phase of regeneration of konara oak (Quercus serrata Thunb.) secondary forest I. Development and premature abscissions of konara oak acorns. *Jap. J. Ecol.*, 32 : 293-302.
16. Suzuki, T. et al. 1992. Reproductive behavior of konara (Quercus serrata) in coastal Japanese red pine (Pinus densiflora) stand. *J. Jpn. For. Soc.* 74 : 342-345.
17. Hujii, S. 1993. Studies on acorn production and seed predation in Quercus serrata –Growth, falling phenology, estimation of production, and insect seed predators-. *Bulletin of Osaka Museum of Natural History*, No. 47 : 1-17.
18. 本章 -11 と同じ .
19. 3 章 -2 と同じ .
20. 水井憲雄、1991. 種子重 - 種子数関係を用いた落葉広葉樹の種子の結実豊凶区分 . J. Jpn. For. Soc. 73 : 258-263.

【7 章】

1. 5 章 -12 と同じ .

【8 章】

1. Smith, C. C., Hamrick, J. L., and Kramer C. L. 1990. The advantage of mast years for wind pollination. *The American Naturalist* 136 : 154-166.
2. 井鷺 裕司、1995. 植物個体の物質収支モデルで masting を考える . 個体群生態学会会報 52 : 49-54.
3. Isagi, Y. et al. 1997. How does masting happen and synchronize ? *J. Theor. Biol.* 187: 231- 239.
4. Satake, A. and Iwasa, Y. 2000. Pollen coupling of forest trees : forming synchronized and periodic reproduction out of chaos. *J. Theor. Biol.* 203 : 63-84.
5. Satake, A. and Iwasa, Y. 2002a. Spatially limited pollen exchange and a long-range synchronization of trees. *Ecology* 83 : 993-1005.
6. Satake, A. and Iwasa, Y. 2002b. The synchronized and intermittent reproduction of forest trees is mediated by the Moran effect, only in association with pollen coupling. *Journal of Ecology* 90 : 830-838.
7. Iwasa, Y. and Satake, A. 2004. Mechanisms inducing spatially extended synchrony in mast seeding: the role of pollen coupling and environmental fluctuation. *Ecological Research* 19: 13-20.
8. 河田 弘・丸山 幸平、1986. ブナ天然林の結実がリターフォール量およびその養分量に及ぼす影響 . 日本生態学会誌 36 : 3-11.
9. 市栄 智明、2006. 結実の豊凶はなぜ起こる？　森林の生態学－長期大規模研究からみえるもの－ . 種生物学会編、文一総合出版 : 59-62.
10. Kon, K. et al. 2005. Evolutionary advantages of mast seeding in Fagus crenata. *J. Ecol.* 93 : 1148- 1155.
11. 6 章 -16 と同じ .
12. 3 章 -3 と同じ .

【9 章】

1. Steel, M. A. et al. 1993. Tannins and partial consumption of acorns: Implications for dispersal of oaks by seed predators. *Am. Midl. Nat.* 130 : 229-238.
2. 中津 篤 他、1993. 正常および虫害のミズナラ堅果に対するヒメネズミの選択性 . 日林北支論 41 : 91-94.
3. Fox, J. F. 1982. Adaptation of gray squirrel behavior to autumn germination by white oak acorns.

29. 林 典子、1999. 森林棲ゲッ歯類の採餌及び貯食生態 . 森林総合研究所多摩森林科学園年報 22 : 6.
30. 田村 典子、1997. ニホンリスによるオニグルミ種子の貯食および分散 . 霊長類研究 13 : 129-135.
31. Shimada, T. and Saitoh, T. 2003. Negative effects of acorns on the wood mouse Apodemus speciosus. *Population Ecology* 45 : 7-17.
32. Shimada, T. 2001. Nutrient composition of acorns and horse chestnuts in relation to seed-hoarding. *Ecol. Res*. 16 : 803-808.
33. 島田 卓哉 他、2004. アカネズミのタンニン代謝におけるタンナーゼ産生腸内細菌が果たす役割 . 生態学会題 51 回大会講演要旨 .
34. Smith, C. C. and Follmer, D. 1972. Food preferences of squirrels. *Ecology* 53 : 82-91.
35. Shimada, T. 2001. Hoarding behaviors of two wood mouse species: Different preherence for acorn of two Fagaceae spicies. *Ecol. Res.* 16 :127-133.
36. 本章 -22 と同じ .
37. Gomez, J. M. 2004. Bigger is not always better: conflicting selective pressures on seed size in Quercus ilez. *Evolution* 58 : 71-80.
38. Fey, B. S. and Endress, P. K., 1983. Development and morphological interpretation of the cupule in Fagaceae. *Flora* 173 : 451-468.
39. Nixon, K. C. and Crepet, W. L., 1989. Trigonobalanus (Fagaceae) : Taxonomic status and phylogenetic relationships. *Am. J. Bot*. 76 : 828-841.
40. Okamoto, M. 1991. Evolutionary trends in the inflorescens and cupules of the northern Fagaceae. *Bulletin of the Osaka Museum of Natural History* 45 : 33-48.
41. Forman, L. L., 1966. On the evolition of cupules in the Fagaceae. *Kew Bulletin* 18(3) : 385-419.
42. Okamoto, M. 1989. A comparative study of the ontogenetic development of the cupules in Castanea and Lithocarpus (Fagaceae). *Pl. Syst. Evol.* 168 : 7-18.
43. 岡本 素治 1997. バラノプス科 . 朝日百科 植物の世界 8-93. 朝日新聞社 .
44. Kirkpatrick, R. L. and Pekins, P. J. 2002. Nutritional value of acorns for wildlife. Oak Forest Ecosystems. Ed. W. J. McShea and W. M. Healy, The Johns Hopkins Univ. Press : 173-181.

【6 章】

1. 酒井 章子、2006. 生物が創り出す熱帯林の季節 . 森林の生態学 －長期大規模研究から見えるもの－ : 17-37. 種生物学会編、文一総合出版 .
2. Janzen, D. H.. 1976. Why bamboos wait so long to flower. *Ann. Rev. Ecol. Syst.* 7:347-391.
3. Koenig, W. D. and Knops, J. M. 1998. Scale of mast-seeding and tree-ring growth. *Nature* 396 : 225-226.
4. Suzuki, W. et al. 2004. Mast seeding and its spatial scale in Fagus crenata in northern Japan. *For. Ecol. Manag.* 205 : 105-116.
5. 水井憲雄、1993. 落葉広葉樹の種子繁殖に関する生態学的研究 . 北海道林業試験場研究報告 30:1-67.
6. McShea, W. J. 2000. The influence of acorn crops on annual variation in rodent and bird populations. *Ecology* 81 : 228-238.
7. Sork, V. L. and Bramble, J. 1993. Ecology of mast-fruiting in three species of north American deciduous oaks. *Ecology* 74: 528-541.
8. Koenig, W. D. et al. 1994. Acorn production by oaks in central coastal California : variation within and among years. *Ecology* 75 : 99-109.
9. Koenig, W. D. and Knops, J. M. 2002. The behavioral ecology of masting in oaks. Oak Forest Ecosystems. Ed. W. J. McShea and W. M. Healy, The Johns Hopkins University Press. 129-148.
10. Kelly, D. 1994. The evolutionary ecology of mast seeding. *Tree* 9 : 465-570.
11. Janzen, D. H.. 1971. Seed predation by animals. *Ann. Rev. Ecol. Syst.* 2:465-492.
12. 本章 -2 と同じ .

【5章】

1. Hamilton, W. D. and May, R. M. 1977. Dispersal in stable habitats. *Nature* 269 : 578-581.
2. 4章-4と同じ.
3. 4章-7と同じ.
4. 4章-3と同じ.
5. 4章-8と同じ.
6. Hayashida, M. 1989. Seed dispersal by red squirrels and subsequent establishment of Korean pine. *Forest Ecology and Management* 28 : 115-129.
7. Tamura, N. et al. 1999. Optimal distances for squirrels to transport and hoard walnuts. *Animal Behaviour* 58 : 635-642.
8. Kato, J. 1985. Food hoarding behavior of Japanese squirrels. *Jap. J. Ecol.* 35 : 13-20.
9. 宮木 雅美、1986. ネズミの貯蔵行動. アニマ 166 : 33-34.
10. 4章-10と同じ.
11. Sone, K. et al. 2002. Hoarding of acorns by granivorous mice and its role in the population processes of Pasania edulis (Makino) Makino. *Ecological Research* 17: 553-564.
12. Harper, J. L. et al. 1970. The shepes and sizes of seed. *Annual Review of Ecology and Systematics* 1:327-356.
13. Van der Pijil, L. 1982. Principles of Dispersal in Higher Plants. Springer-Verlag, pp.199.
14. Ferner, M. 1985. Seed Ecology. *Chapman and Hall,* pp151.
15. 前藤 薫、1993. 羊が丘天然林のミズナラ種子食昆虫 －主要種の生活史と発芽能力への影響－. 日林北支論 41 : 88-90.
16. Maeto, K. and Ozaki, K. 2003. Prolonged diapause of specialist seed-feeders makes predator satiation unstable in masting of Quercus crispula. *Oecologia* 137: 392-398.
17. Shibata, M. et al. 2002. Synchronized annual seed production by 16 principal tree species in a temperate deciduous forest, Japan. *Ecology* 83 : 1727-1742.
18. 上田 明良、2002. 種子食昆虫 - ブナ科の種子食昆虫と研究の動向. 森林をまもる－森林防疫研究 50 年の成果と今後の展望－ : 281-290.
19. Vaughan, M. R. 2002. Oak trees, acorns, and bears. Oak Forest Ecosystems. Ed. W. J. McShea and W. M. Healy, The Johns Hopkins Univ. Press : 224-240.
20. 斎藤 隆、2002. 森のねずみの生態学. 京都大学学術出版会 pp256.
21. 倉本 恵生 他、1995. ミズナラ堅果落下量の年変動 －北大雨龍地方演習林における 13 年間の結果－. 日林北支論 43 : 146-148.
22. 星崎 和彦、2006. トチノキの種子とネズミの相互作用 －ブナの豊凶で変わる散布と捕食のパターン－. 森林の生態学－長期大規模研究からみえるもの－. 種生物学会編. 文一総合出版 : 63-82.
23. Jensen, T. S. 1982. Seed production and outbreak of non-cyclic rodent populations in deciduous forests. *Oecologia* 54 : 184-192.
24. Ostfeld, R. S. 2002. Ecological webs involving acorns and mice basic research and its management implications. Oak Forest Ecosystems. Ed. W. J. McShea and W. M. Healy, The Johns Hopkins Univ. Press : 196-214.
25. 関島 恒夫、1997. 足跡法によるヒメネズミとアカネズミの垂直的ハビタット利用の評価. 日本生態学会誌 47 : 151-158.
26. Sato, T. 2000. Effects of rodent gnawing on the survival of current year seedlings of Quercus crispula. *Ecological Research* 15: 335-344.
27. 5章-11と同じ.
28. Oka, T. 1992. Home range and mating system of two sympatric field mouse species, Apodemus speciosus and Apodemus argenteus. *Ecological Research* 7 : 163-169.

引用文献

【1 章】

1. 中川 尚史、1999. 食べる速さの生態学 . 京都大学学術出版会 pp282.
2. 岡 恵介 2005. 山村における森林資源の利用史 －森は人に鉄や塩、牛と豊かな食料を与え、飢饉や恐慌、欠配から救った－ . 森の生態史－北上山地の景観とその成り立ち－ : 121-137. 古今書院 .
3. 畠山 剛 2005. 近代における森林利用の変容 - ムラと森の関係史 －森の生態史 - 北上山地の景観とその成り立ち－ . 古今書院 : 176-189.
4. 岡 恵介 1984. かつて、ドングリは山人の糧だった . アニマ 140 (10) : 33-37.
5. 松山利夫、1986. かつて山里の主食だった . アニマ 166 : 14-47.
6. 辻稜三、1986. 韓国のドングリムック 採集社会の贈り物 . アニマ 166 : 46.

【2 章】

1. Okamoto, M. 1989. A comparative study of the ontogenetic development of the cupules in Castanea and Lithocarpus (Fagaceae). *Pl. Syst. Evol.* 168 : 7-18.
2. 佐藤 洋一郎・石川隆二、2004.〈三内丸山遺跡〉植物の世界 － DNA 考古学の視点から－ . 裳華房 pp140.
3. 百原 新、1996. ブナ科とブナ属の歴史 . ブナ林の自然誌、平凡社 : 55-65.

【3 章】

1. 森廣 信子、1998. ドングリの豊作・不作 －ミズナラとコナラの場合－ . 東京都の自然 24 : 23-32.
2. Herrera, C. M. et al. 1998. Annual variability in seed production by woody plants and the masting concept : Reassessment of principles and relationship to pollination and seed dispersal. *The American Naturalist* 152 : 576-594.
3. Greenberg and Parresol 2002. Dynamics of acorn production by five species of southern Appalachian. Oak Forest Ecosystems. Ed. W. J. McShea and W. M. Healy, The Johns Hopkins University Press. 149-172.

【4 章】

1. Smith, C. C. and Reichman, O. J. 1984. The evolution of food caching by birds and mammals. *Ann. Rev. Ecol. Syst.* 15 : 329-351.
2. Horton, J. S. and Wright, J. T. 1944. The wood rat as an ecological factor in southern California watersheds. *Ecology* 25 : 341-351.
3. Bossema, I. 1979. Jays and oaks : An eco-ethological study of a symbiosis. *Behaviour* 70 :1-117.
4. Darley-Hill, S. and Johnson, W. C. 1981. Acorn dispersal by blue jay (Cyanocitta cristata). *Oecologia* 50 : 231-232.
5. 中村 浩、1986. カケスの貯蔵行動 . アニマ 166 : 34-37.
6. Ligon, J. D. 1978. Reproductive interdependence of pinon pines. *Ecological Monographs* 48 : 111-126.
7. Vander Wall, S. B. and Balda, R. P. 1977. Coadaptation of the Clark's nutcracker and the pinon pine for efficient seed harvest and dispersal. *Ecological Monographs* 47 : 89-111.
8. Miyaki, M. 1987. Seed dispersal of the Korean pine, Pinus koraiensis, by the red squirrel, Sciurus vulgaris. *Ecol. Res.* 2 : 147-157.
9. Pons, J. and Pausas, J. G. 2007. Rodent acorn selection in a Mediterranean oak landscape. *Ecological Research* 22 : 535-541.
10. Imaizumi, Y. 1979. Seed storing behavior of Apodemus speciosus and Apodemus argenteus. *Zoological Magazine* 88 : 43-49.

索　引

著者
森廣 信子（もりひろ のぶこ）
岡山県生まれ。東京都立大学理学部生物学科卒業。東京農工大学大学院連合農学研究科資源環境学専攻（博士課程）単位取得後退学。専攻は植物生態学。著書に『高山植物の自然史』（2003、北海道大学図書刊行会、分担執筆）、『植生環境学』（2001、古今書院、分担執筆）、『自然に学び、遊ぶために：自然観察安全ハンドブック』（2005、科学教育研究会）がある。

ドングリの戦略 ―森の生き物たちをあやつる樹木―

2010年7月25日　初版第1刷発行

著　者　森　廣　信　子
発行者　八　坂　立　人
印刷・製本　シナノ書籍印刷（株）

発行所　（株）八　坂　書　房
〒101-0064 東京都千代田区猿楽町1-4-11
TEL.03-3293-7975　FAX.03-3293-7977
URL.：http://www.yasakashobo.co.jp

ISBN 978-4-89694-960-5